MANUAL DE APLICACIÓN DE HERBICIDAS EN OLIVAR

Y OTROS CULTIVOS LEÑOSOS
ESTUDIO DE LA BARRA DE DISTRIBUCIÓN

Mª Milagros Saavedra

Dr. Ingeniero Agrónomo

Mª Dolores Humanes

Ingeniero Agrónomo

EDITORIAL AGRÍCOLA ESPAÑOLA, S.A.
MADRID

Titulo: MANUAL DE APLICACIÓN DE
HERBICIDAS EN OLIVAR
Y OTROS CULTIVOS LEÑOSOS
(Estudio de la barra de distribución)
Mª Milagros Saavedra Saavedra
Mª Dolores Humanes Martín

c/ Caballero de Gracia, 24-3º
Tel.: (91) 521 16 33 - Fax (91) 522 48 72
28013 Madrid - ESPAÑA

I.S.B.N.: 84-85441-40-0
Depósito Legal: M-23243-1999

Imprime: Artes Gráficas COIMOFF, S.A.
c/ Acero, 1
28500 ARGANDA DEL REY (Madrid)
PORTADA: Juan Muñoz

ÍNDICE

Págs.

CAPÍTULO 2

COMBINACIONES DE BOQUILLAS

ANEJO A LOS CAPÍTULOS 1 y 2

CAPÍTULO 3

CASOS PRÁCTICOS FRECUENTES

PRÓLOGO

Durante el desarrollo de la actividad profesional, a menudo nos hemos encontrado con problemas de falta de control de las malas hierbas por los herbicidas, sobre todo en los olivares. Aunque hay muchas causas que podrían explicar esta escasa eficacia, una de las más frecuentes es la aplicación inadecuada, porque la maquinaria no se adapta a las peculiares características del olivar. Esto ocasiona problemas adicionales como son:

- Realizar aplicaciones a velocidad demasiado lenta, y por lo tanto costosa en mano de obra, o demasiado rápida, muy incómoda para el aplicador,
- Aplicar con demasiado volumen de caldo, obligando a cargar constantemente la cuba y encareciendo mucho el tratamiento, cuando no a reducir la eficacia de algunos productos,
- Falta de homogeneidad en las aplicaciones, que se hacen visibles en forma de bandas de hierba sin controlar.

La mayoría de los herbicidas se aplican actualmente en el olivar mediante el sistema de pulverización hidráulica. La descripción y características de los pulverizadores puede encontrarse en diversas publicaciones. En este trabajo nos hemos centrado en algunos aspectos generales, pero sobre todo en una parte del equipo de pulverización: la barra y las boquillas. Las boquillas son los elementos más importantes de la pulverización, sin embargo es difícil encontrar información sobre ellas que pueda ser útil para mejorar la aplicación de herbicidas.

Hemos tratado de aportar algunas soluciones que permitan a los agricultores mejorar la eficacia de sus tratamientos, lo que es trascendental desde el punto de vista económico y medio ambiental. Una mala aplicación de herbicida conlleva un gasto de dinero inútil y un riesgo para el medio ambiente, pues en muchos casos se soslaya incrementando las dosis de los productos, o incluso volviendo a aplicar otros herbicidas. En cambio, con aplicaciones correctas se pueden reducir las dosis de producto, mejorar la eficacia en el control de las hierbas y muy posiblemente reducir el número de tratamientos.

El libro recoge soluciones de tipo práctico, que serán de utilidad para la mayoría de los olivareros en las situaciones más frecuentes.

Mayo 1999 **LAS AUTORAS**

A nuestros hijos
Antonio, Marta y Antonio

ANTES DE HACER LAS APLICACIONES:

COMPRUEBE EL BUEN FUNCIONAMIENTO DEL EQUIPO DE PULVERIZACIÓN

Capítulo 1

ASPECTOS GENERALES DE LA APLICACIÓN DE HERBICIDAS EN OLIVAR

1. INTRODUCCIÓN

La aplicación de herbicidas en el olivar presenta ciertas dificultades que no se dan en otros cultivos leñosos y hacen que su distribución sobre el suelo o sobre la hierba entrañe más problemas de los habituales.

- *Las ramas bajas,* que a veces llegan al suelo, impiden la visibilidad y obstaculizan el paso de la barra de tratamiento, con el riesgo adicional de ser mojadas por el caldo herbicida y sufrir daños por fitotoxicidad.
- *La formación en varios troncos,* a veces distanciados entre sí más de un metro, impiden el acercamiento al árbol y una correcta distribución del caldo entre los mismos.
- *Los marcos de plantación irregulares* hacen imposible la distribución homogénea del caldo en toda la superficie del suelo, de forma que o una parte queda sin cubrir, o bien otra recibe doble cantidad.
- *Las pendientes* en ocasiones son muy fuertes, *con irregularidades del terreno,* que hacen difícil mantener una velocidad constante y el paralelismo entre la barra y el suelo.

En este trabajo pretendemos dar las orientaciones básicas sobre las barras de tratamientos para emplear correctamente los herbicidas en olivar, teniendo en cuenta las características del cultivo y, a la vez, la diversidad de situaciones. Pero no nos vamos a referir al resto de elementos de un equipo de pulverización, más que en lo relacionado directamente con la barra.

2. HERBICIDAS EN OLIVAR

2.1. PODA DE OLIVOS Y DISEÑO DE PLANTACIONES

La utilización de herbicidas es una técnica moderna para manejar hierbas y suelo, que es *"a priori"* incompatible con las antiguas formas de conducir una plantación de olivos. Las plantaciones tradicionales, como hemos dicho, presentan problemas para el empleo de herbicidas. Evidentemente no se van a arrancar y reestructurar sólo por este motivo, pero existen unos límites razonables dentro de los cuales hay que mantenerlas.

En primer lugar, las ramas bajas péndulas deben eliminarse, aunque estéticamente gusten mucho porque siempre se hizo así. **Si se aplican herbicidas no se puede podar un olivo como si fuera a escardarse a mano.**

De la misma manera, las varetas que brotan de la peana y del tronco condicionan la aplicación de herbicidas de traslocación, porque pueden ser absorbidos a través de ellas y dañar al olivo. El posible daño dependerá de la proporción de varetas respecto al tamaño del olivo, y de la época de aplicación, que sea más o menos favorable para que se produzca la traslocación. Sin embargo, algunos de estos mismos herbicidas se pueden utilizar para eliminar las varetas cuando éstas son pequeñas, en determinadas condiciones y dosis.

La altura de las cruces debe ser también mayor que la tradicional. En las nuevas plantaciones lo deseable es situarlas de 1 a 1,2 m. El tronco debe ser único, y si se trata de un olivar tradicional de varios troncos, procurar eliminar algunos de forma que queden alineados en la dirección del paso del tractor cuando realiza el tratamiento.

En la FIGURA 1 se indican cómo deben modificarse los olivos para hacer correctamente la aplicación de herbicidas.

FIGURA 1
Adaptación de los olivos mediante poda para la aplicación de herbicidas

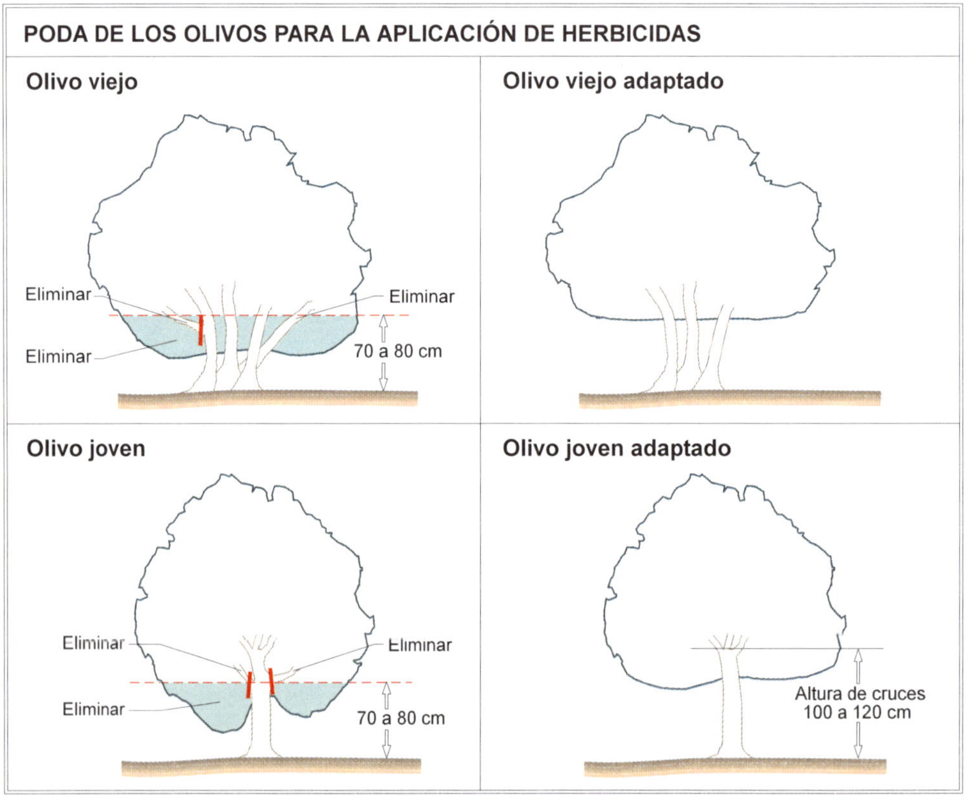

En segundo lugar, la plantación debe ser lo más regular posible, da lo mismo que sea marco real o a tresbolillo, pero los árboles deben estar equidistantes. En el caso de plantaciones en curvas de nivel se debe dejar siempre una anchura mínima de calle que permita el paso del tractor y la barra de tratamientos, y que se pueda maniobrar correctamente.

En la FIGURA 2 se representan diferentes diseños de plantaciones para suelos con y sin pendiente.

FIGURA 2
Diseño de plantaciones para la aplicación de herbicidas

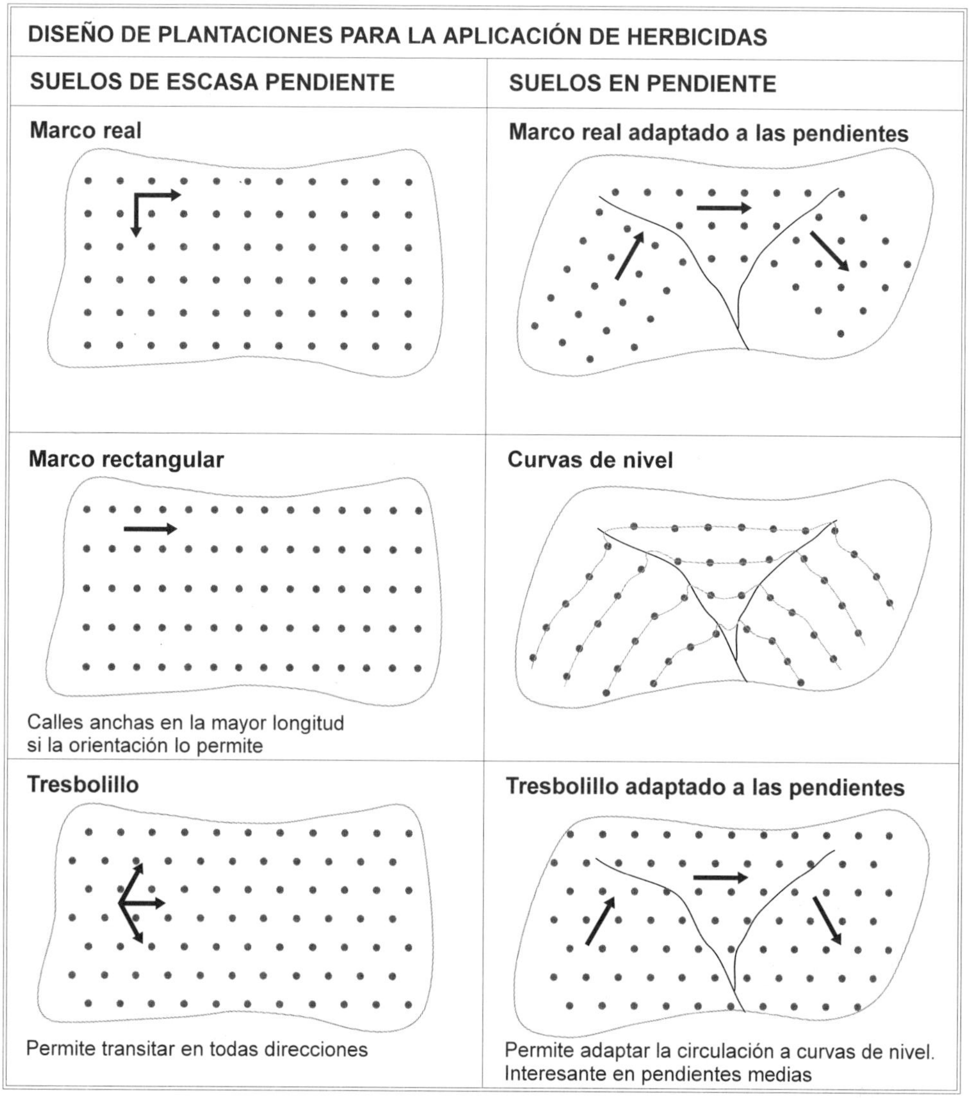

En el caso de suelo en pendiente, pero mecanizable en todas direcciones, el marco al tresbolillo es muy interesante, porque permite adaptar el sentido de la circulación a las curvas de nivel. Cuando la pendiente es muy elevada puede ser conveniente plantar en curvas de nivel, a pesar de las complicaciones que supone para la aplicación de herbicidas.

Como recomendación adicional, y para simplificar el trabajo y evitar equivocaciones, conviene que la anchura de calles en todas las nuevas plantaciones de una misma explotación sea la misma, pues cambiar, por ejemplo de 7 m a 6,7 m, no ocasiona mas que inconvenientes a la hora de hacer aplicaciones de herbicidas.

Por último, el suelo debe estar liso, sin baches, para que el conjunto tractor-cuba se desplace con suavidad sobre el terreno, sin dar saltos, manteniendo la barra paralela al suelo. Esta es la única forma de asegurar la homogeneidad.

Todas estas recomendaciones son totalmente compatibles con otras técnicas de cultivo modernas, incluida la recolección mecanizada con vibradores.

2.2. HERBICIDAS QUE SE USAN EN OLIVAR

En el olivar se usan varios tipos de herbicidas:

Unos que se absorben a través del suelo por las raíces, como simazina o tiazopir, otros por las hojas y partes verdes, como glifosato o diquat.

Unos que actúan sólo sobre la parte de planta que tocan (de contacto), como el paraquat, y otros que una vez absorbidos se mueven a través de toda la planta (de traslocación o sistémicos).

Normalmente se emplea el término traslocación para los que se absorben por hoja y partes verdes y se mueven hacia otros órganos vía floema, como fluroxipir, glifosato y sulfosato. Sin embargo, también los que se absorben por la raíz y se mueven a través del xilema, por ejemplo hasta las hojas, son herbicidas de traslocación, como es el caso de simazina o diurón.

Unos deben ser aplicados con bajo volumen de caldo, menos de 150 l/ha. Y otros se aplican con alto volumen de caldo, de 200 a 400 l/ha, aunque por razones de economía, se tiende a aplicar 300 l/ha o menos.

El problema que se plantea por tanto es diseñar máquinas que hagan posible una correcta aplicación de la mayoría de los herbicidas, con los mínimos inconvenientes posibles, sin necesidad de cambiar de equipo, ni de hacerle transformaciones importantes o manipular durante la aplicación mas que lo imprescindible. La barra y las boquillas van a ser en este caso los elementos más importantes.

2.3. FORMA DE APLICAR HERBICIDAS EN OLIVAR

En el olivar se dan muchas situaciones diferentes, empezando por las distintas necesidades desde que el olivo es pequeño, hasta que es adulto, y siguiendo con las variadas técnicas de mantenimiento de suelo, por ejemplo:

- no-laboreo y suelo desnudo en toda la superficie,
- no-laboreo en las líneas y cubierta vegetal en las calles,
- no-laboreo en las líneas y laboreo en las calles,
- etc.

Vamos a centrarnos en plantaciones regulares, para herbicidas que se aplicarán con volúmenes entre 50 y 400 l por hectárea realmente tratada. Por tanto vamos a plantear los siguientes problemas a resolver en la aplicación de herbicidas:

- En una banda estrecha sobre la línea de plantación del olivar. Ej.: olivos pequeños o línea de goteros.
- En una franja ancha sobre la línea de plantación, pero no sobre el centro de la calle. Ej.: cuando se hace no-laboreo en líneas y se labra o se deja cubierta vegetal en las calles.
- En el centro de la calle, como complemento de las aplicaciones en líneas, pero hechas en otro momento o con otros herbicidas.
- A toda la superficie.

3. BARRA, BOQUILLAS Y FILTROS

Entre todos los elementos que componen un equipo de tratamientos fitosanitarios las boquillas son los más importantes y los filtros son el complemento imprescindible para que éstas trabajen correctamente. En la FIGURA 3 se presenta un esquema del pulverizador hidráulico.

3.1. BARRA

La barra es un soporte más o menos fuerte, que sirve para sujetar las boquillas, los tubos de enlace entre boquillas y, en su caso, los filtros.

Cuando se trata de una barra de gran envergadura, para enganchar al tractor y a una gran cuba, el extremo que va a pasar cerca de los troncos de los olivos debe llevar una articulación para que en caso de choque accidental con el tronco, se retraiga con facilidad y no se ocasione daño al árbol o al equipo de aplicación.

Según el tipo de boquillas que se elijan deberán estar a una determinada altura, que en la mayoría de los casos es 50 cm. Esta altura es lo suficientemente baja como para permitir tratar por debajo de las copas sin mojar las ramas, con mínima deriva, y es lo suficientemente alta como para que el solape entre los abanicos de las boquillas sea adecuado. Por lo tanto, la altura a la que colocar la barra sobre el suelo será unos 50 cm en la mayoría de los casos.

FIGURA 3
Esquema de un pulverizador hidráulico

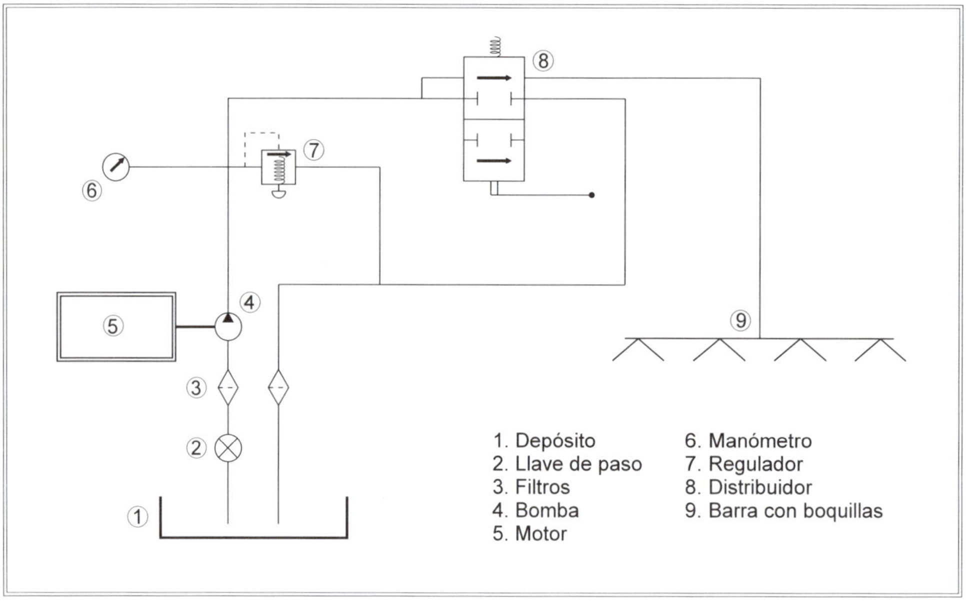

3.2. BOQUILLAS

Las boquillas son pequeños elementos que se instalan al final de las conducciones, y en ellas se produce la división del caldo en gotas finas, es decir, donde realmente se produce la pulverización. El tamaño del orifico de la boquilla por el que sale el caldo, determina el caudal que es capaz de suministrar cada boquilla; cuanto más grande sea el orificio, mayor será el caudal. Este caudal se suele expresar en litros por minuto (l/min).

La boquilla, como cualquier herramienta o máquina, sufre un desgaste y tiene una vida útil determinada. Con el desgaste, el orificio de salida se agranda y el caudal aumenta. Cuando el aumento es de un 15 a un 20% sobre el caudal nominal, la boquilla debe sustituirse por otra. Como norma, cada 50 horas de trabajo se deben hacer comprobaciones, por lo menos del caudal.

Las boquillas son elementos de precisión y son muy baratas en relación a la alta tecnología que se aplica en su fabricación. Nunca deben manipularse con objetos duros y se deben limpiar muy bien cada vez que se utilicen. No debe escatimarse y deben emplearse boquillas de calidad y materiales buenos. Las de acero y cerámica son mejores que las de latón. Actualmente se están empleando termoplásticos que son también muy resistentes a la abrasión y pueden durar 5 veces más que las de latón.

Existen en el mercado muchos tipos de boquillas para aplicar herbicidas. En olivar las más útiles van a ser las de abanico (o chorro plano) y en ocasiones las de espejo. De forma puntual se utilizan boquillas de cono lleno para parcheos de plantas aisladas.

La identificación de boquillas se hace con códigos de números y colores. Se tiende a universalizar los códigos de colores (para indicar los caudales). Sin embargo, como existen todavía boquillas de diferentes tipos en el mercado y en uso, es recomendable asegurarse de las características de la boquilla antes de utilizarla, y no fiarse exclusivamente de los colores, en tanto se adaptan los fabricantes y se dejan de utilizar boquillas más antiguas. Además, en el caso de las boquillas de abanico simétricas se identifican por el ángulo de apertura del abanico, que puede ser diferente, siendo los más corrientes 65º, 80º y 110º. En olivar se suelen utilizar las de mayor apertura, las de 110 º.

En la FIGURA 4 se representan los tipos de boquillas y distribuciones de caudal de las más usadas en olivar, y que se describen a continuación.

Boquillas de abanico plano y reparto uniforme, y boquillas de espejo

Son dos tipos de boquillas con una característica común: distribuir uniformemente el producto a lo ancho de toda la franja pulverizada. Son adecuadas para aplicar herbicida a lo largo de una franja estrecha, utilizando una sola boquilla. Las boquillas de espejo suelen ser de mayor ángulo (granangulares) y, porque permiten aplicar a menor altura, como se verá posteriormente.

Estos tipos de boquillas no son adecuados para aplicar sobre una franja ancha mediante la asociación en barra de varias boquillas, porque los solapes no son correctos para las alturas de tratamiento requeridas en olivar (ver Figura 4).

Boquillas simétricas de abanico plano y reparto no uniforme

Se caracterizan por distribuir el caldo de forma no uniforme, en forma de campana, más cantidad en el centro y menos hacia los extremos. Son boquillas ade-

FIGURA 4
Tipos de boquillas más usadas en olivar, distribución de caudales y solapes

A) BOQUILLAS DE REPARTO UNIFORME

BOQUILLA | **DISTRIBUCIÓN DE CAUDALES** | **SOLAPES**

Abanico plano

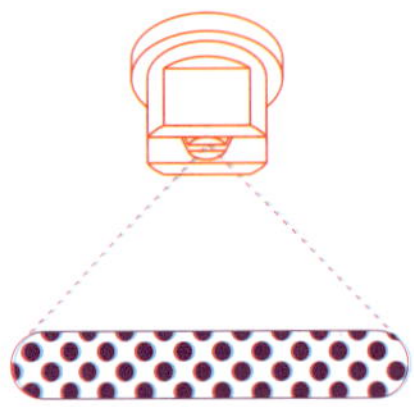

Espejo

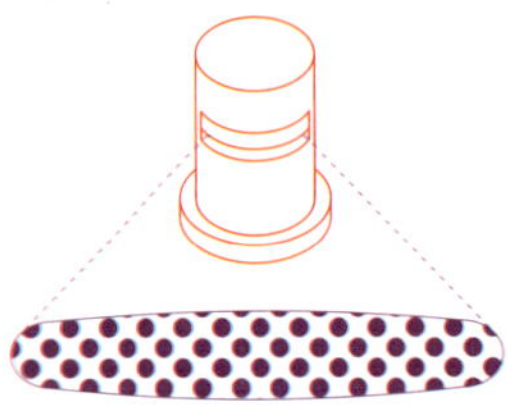

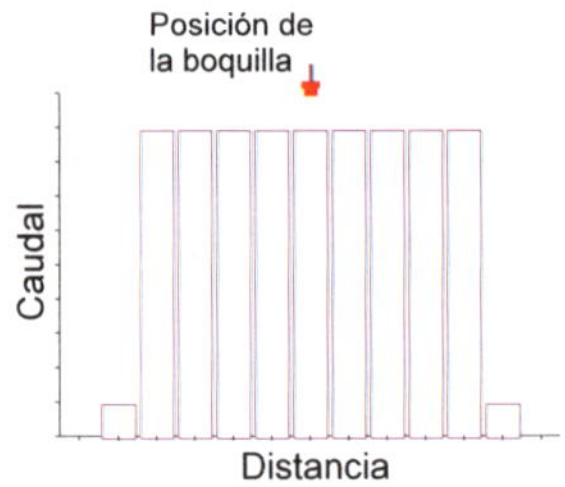

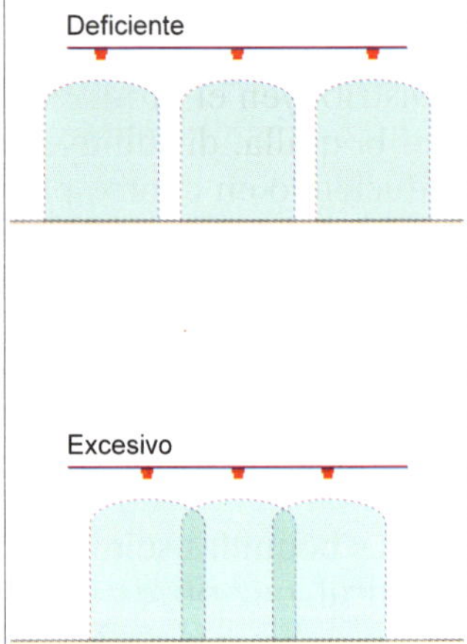

B) BOQUILLAS DE REPARTO NO UNIFORME

BOQUILLA | **DISTRIBUCIÓN DE CAUDALES** | **SOLAPES**

Abanico plano simétrica

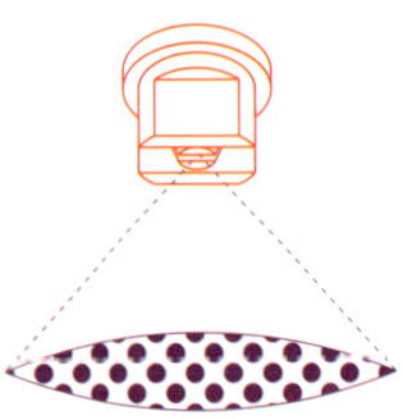

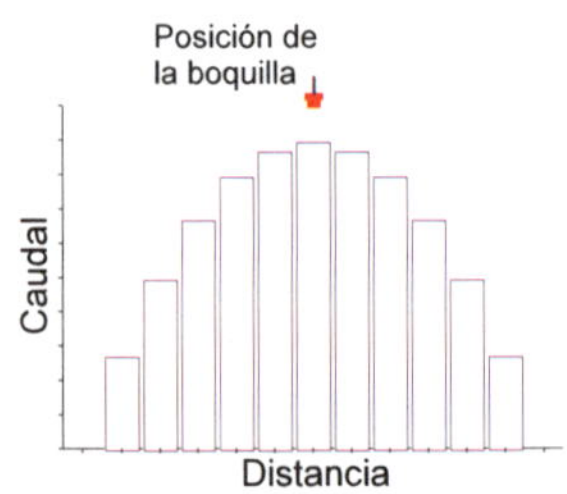

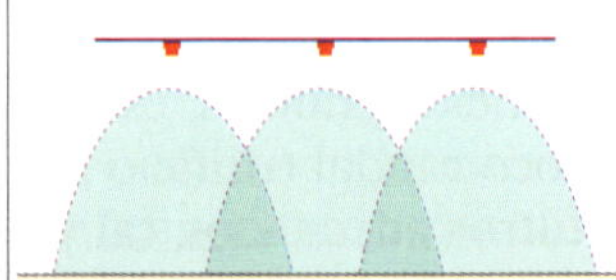

Abanico plano excéntrica

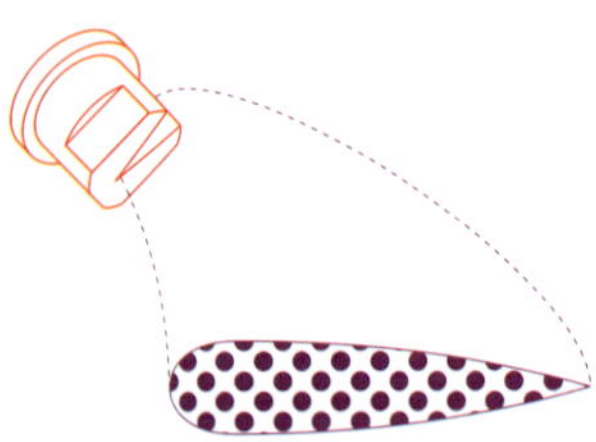

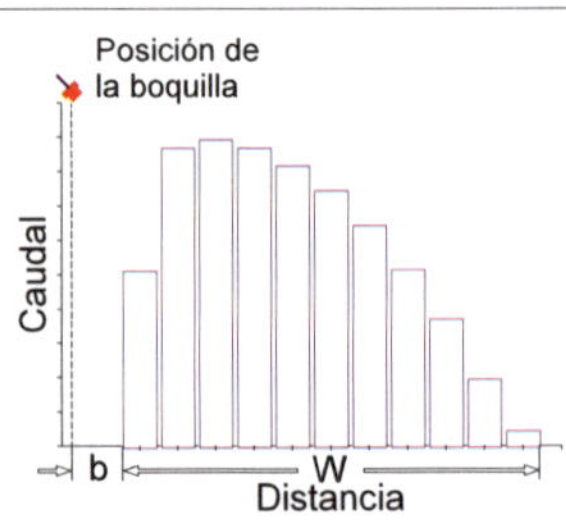

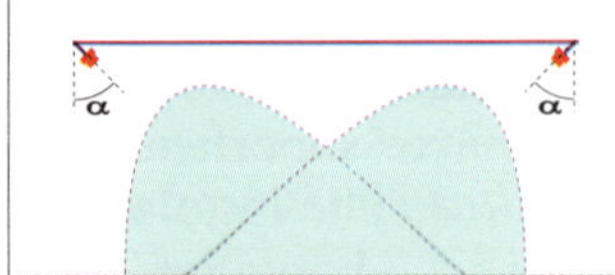

cuadas para disponer varias a lo largo de una barra y, solapando convenientemente, realizar una aplicación uniforme sobre una franja ancha.

El ángulo de apertura del chorro, o ángulo del abanico, puede ser más o menos amplio. Cuanto más estrecho sea, más alta deberá situarse la barra para proporcionar un buen solape entre boquillas. Por ello, en olivar, las más adecuadas son las de 110º, que permiten disponer las boquillas sobre una barra a escasa altura.

Boquillas excéntricas de abanico plano (boquillas de abanico asimétricas)

Distribuyen el producto de forma asimétrica, más cantidad en las proximidades de la boquilla, disminuyendo a medida que se aleja, pero en una sola dirección, produciendo en chorro plano en forma de abanico descentrado (ver Figura 4).

Son boquillas que permiten aplicar herbicidas bajo los árboles, sin acercarse mucho a los troncos, ya sea uniéndolas a una barra de boquillas simétricas, ya sea como boquilla única. Se pulveriza en un lado del olivo y el solape se produce posteriormente cuando se hace otra pasada al otro lado del árbol, por lo que permite aplicar de forma homogénea sobre una franja más o menos ancha.

Estas boquillas se montan sobre la barra formando un determinado ángulo con la vertical, que puede ser diferente en cada fabricante. Como se observa en la FIGURA 4, la zona pulverizada abarca una anchura **W**, a partir de una distancia **b** de la posición de la boquilla.

3.3. FILTROS

Los tratamientos herbicidas en olivar se suelen hacer con boquillas de pequeño caudal, con orificios de salida pequeños, por lo que en las condiciones de trabajo de campo sufren obstrucciones y es imprescindible el uso de filtros.

Cada boquilla requiere un tamaño de filtro que el fabricante indica. Un filtro de orificios grandes, es decir, de pocas mallas (*mesh* en inglés) para una boquilla de poco caudal (orificio pequeño) no servirá para nada. Es imprescindible colocar los filtros adecuados, tal y como indica el fabricante. Tampoco es conveniente utilizar filtros de más mallas de lo necesario porque obligaría a limpiarlos con más frecuencia, ocasionando un gasto de tiempo innecesario.

Existen filtros individuales para cada boquilla. El más usado, pero de poca utilidad por la escasa superficie de filtrado, es el de copa o sombrerete. El de cartucho, cilíndrico, que se instala en el cuerpo de la boquilla, es más útil porque presenta mayor superficie de filtrado y requiere menor frecuencia de limpieza. Pero además se debe instalar un filtro mayor en línea a la salida del tanque, en cada ramal de 5 a 7 boquillas, que permite normalmente realizar la aplicación de herbicidas durante una jornada completa sin necesidad de limpiarlo. En la FIGURA 5 se muestran distintos tipos de filtros.

INDIVIDUAL PARA UNA BOQUILLA		PARA UNA SERIE DE BOQUILLAS
Filtro de copa o sombrerete	Filtro cilíndrico o de cartucho	Filtro en línea

4. TAMAÑO DE GOTA, DERIVA Y PRESIÓN DE TRABAJO

La pulverización de herbicidas es bien diferente a la de otros productos fitosanitarios. El tamaño de gota es más grande para que la deriva sea mínima. La deriva es el transporte de gotas a una cierta distancia de donde fue aplicada y como es evidente no produce ningún beneficio, sino que supone una pérdida de producto y unos riesgos de producir daño al propio cultivo, a cultivos adyacentes y al medio ambiente. Cuanto la gota es muy fina la distancia a la que puede ser transportada es grande. En cualquier caso: **sólo se pueden aplicar herbicidas cuando el viento está totalmente en calma.**

La altura de pulverización influye mucho en la deriva. Por ello, se tiende a aplicar herbicida a poca altura cuando los riesgos de deriva son importantes, como es el caso del olivar, y porque además se evita mojar las ramas bajas del olivo. Las boquillas de mayor ángulo permiten aplicar a menor altura. En la FIGURA 6 se representa un ejemplo de cuánto se puede bajar la altura para pulverizar una franja de 50 cm con boquillas de chorro plano y reparto uniforme de diferente ángulo.

Los herbicidas se aplican siempre a presiones bajas, normalmente entre 1 y 4 bares. Con el aumento de la presión aumenta el caudal, pero también las gotas son más finas y el riesgo de deriva es mayor. Por ello, en cultivos leñosos no conviene sobrepasar los 3 bares (bar equivale aproximadamente a kg/cm^2 o atmósfera).

Cada boquilla está fabricada para funcionar dentro de un determinado rango de presiones. Por ejemplo, en la marca Teejet, encontramos boquillas que funcionan entre 1 y 4 bares (Ej.: XR11002VS), mientras que otras lo hacen entre 2 y 4 bares (Ej.: TP11002VS), siendo sus caudales equivalentes. Es muy importante tener en cuenta a qué presión se va a trabajar antes de comprar las boquillas.

FIGURA 6
Influencia del ángulo del abanico sobre la altura de pulverización. Ejemplo: boquilla de chorro plano simétrica y reparto uniforme

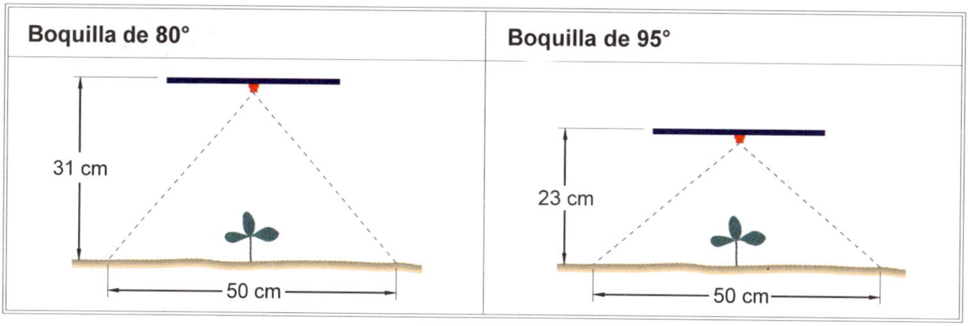

La presión altera también el ángulo de pulverización, de forma que cuando es muy baja el ángulo disminuye y los solapes pueden no ser correctos, resultar insuficientes e incluso no llegar a producirse. En la FIGURA 7 se representa un ejemplo de la variación del ángulo de pulverización al variar la presión.

FIGURA 7
Influencia de la presión sobre el ángulo de pulverización en boquilla de abanico plano

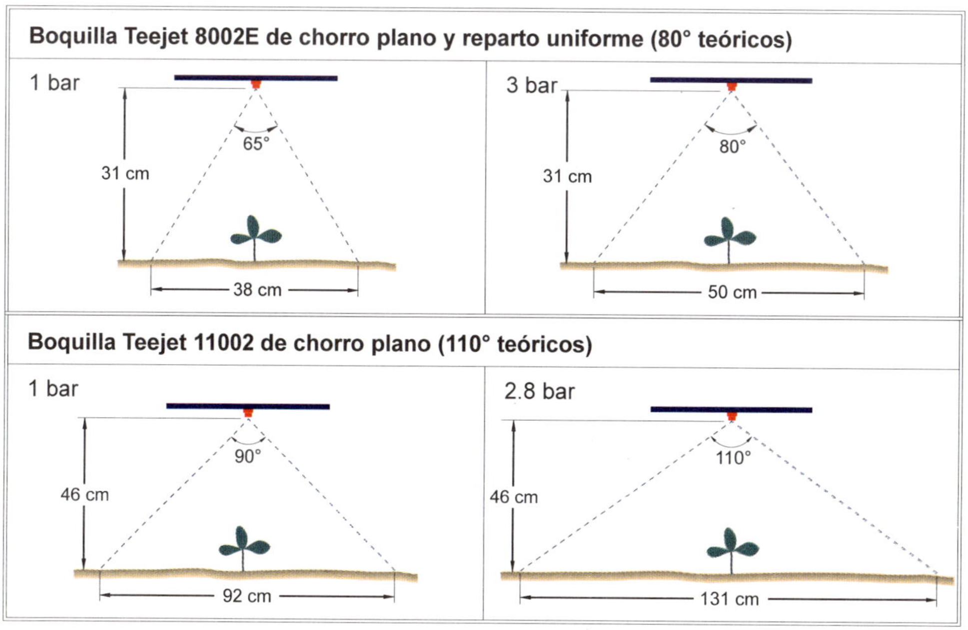

5. EMPLEO DE BOQUILLAS

5.1. BOQUILLAS DE REPARTO UNIFORME: TRATAMIENTOS EN BANDAS ESTRECHAS

Para aplicar herbicidas a una banda estrecha, de 50 a 150 cm, se pueden utilizar boquillas de reparto uniforme, ya sean las de abanico plano y reparto uniforme, o las de espejo. Las hay de distintos materiales, de diferentes caudales y, en las de abanico, de distinto ángulo.

Si se emplean las boquillas de abanico, se recomienda utilizar las de ángulo grande (por ejemplo 110º), para poder aplicar a poca altura. Las boquillas de abanico se montan en posición vertical, y las de espejo en posición horizontal o con un determinado ángulo respecto a la horizontal.

En la TABLA 1 se muestran los resultados obtenidos en un ensayo realizado en banco de pruebas con las boquillas de espejo Albuz amarilla y naranja, situadas en posición horizontal, de forma que el chorro proyectado es vertical.

TABLA 1. Datos experimentales obtenidos en banco de pruebas con boquillas de espejo Albuz

TIPO DE BOQUILLA	POSICIÓN	FILTRO nº de mallas	BOQUILLA	PRESIÓN bar	ALTURA SOBRE EL SUELO cm	CAUDAL EXPERIMENTAL l/min	ANCHURA EFECTIVA DEL TRATAMIENTO cm
ESPEJO	HORIZONTAL	50	ALBUZ amarilla	1	30	0.53	50
					50	0.49	60
				2	30	0.77	60
					50	0.73	70
			ALBUZ naranja	1	30	0.89	60
					50	0.86	80
				2	30	1.2	70
					50	1.2	110

Estas dos boquillas de espejo presentan la ventaja de que la banda tratada no se ve demasiado influenciada por la altura a la que se sitúa la boquilla. Por lo tanto permite tratar de forma homogénea con mochilas manuales en unas condiciones en las que es casi imposible evitar que varíe ligeramente la altura de pulverización. En el ANEJO (FIGURA 1) se presentan las distribuciones de caudales obtenidas de forma experimental. Se puede observar que con este tipo de boquillas no se obtiene una distribución uniforme al componer una barra de tratamientos con varias boquillas.

En los catálogos comerciales podemos encontrar otras boquillas que también podrían utilizarse. Por ejemplo las indicadas en la TABLA 2.

TABLA 2. Boquillas de reparto uniforme que pueden utilizarse para aplicar herbicidas en bandas estrechas con una sola boquilla

TIPO DE BOQUILLA	POSICIÓN	FILTRO nº de mallas	BOQUILLA	PRESION bar	CAUDAL l/min
ESPEJO	HORIZONTAL	100	ALBUZ Amarilla	1	0.55
				2	0.78
		50	ALBUZ Naranja	1	0.91
				2	1.25
		100	LURKMARK AN 0.5 Rosa	1	0.23
				2	0.33
		100	LURMARK AN 0.75 Marrón	1	0.35
				2	0.49
		100	LURKMARK AN 1 Naranja	1	0.46
				2	0.65
		50	LURKMARK AN 1.5 Roja	1	0.69
				2	0.98
		50	LURKMARK AN 2 Azul "Cambridge"	1	0.91
				2	1.31
		50	LURKMARK AN 2.5 Amarilla	1	1.15
				2	1.63
		50	LURKMARK AN 3 Verde "Lime"	1	1.39
				2	1.26
		50	LURKMARK AN 4 Verde "Moss"	1	1.85
				2	2.61
		50	HARDI 4598-10	1	0.6
				1.5	0.74
				2	0.85
				3	1.04
		50	HARDI 4598-12	1	0.87
				1.5	1.07
				2	1.23
				3	1.51
		50	HARDI 4598-14	1	1.12
				1.5	1.37
				2	1.58
				3	1.94
		50	HARDI 4598-16	1	1.66
				1.5	2.04
				2	2.35
				3	2.88

Continuación TABLA 2

TIPO DE BOQUILLA	POSICIÓN	FILTRO nº de mallas	BOQUILLA	PRESION bar	CAUDAL l/min
ABANICO PLANO	VERTICAL	100	HARDI 4680-13E	1	0.49
				1.5	0.61
				2	0.70
				3	0.86
		50	HARDI 4680-15E	1	0.67
				1.5	0.82
				2	0.95
				3	1.16
		50	HARDI 4680-21E	1	1.0
				1.5	1.23
				2	1.42
				3	1.74
		50	HARDI 4680-25E	1	1.24
				1.5	1.52
				2	1.75
				3	2.14
		50	HARDI 4680-27E	1	1.52
				1.5	1.86
				2	2.15
				3	2.63
		50	HARDI 4680-33E	1	2.09
				1.5	2.55
				2	2.95
				3	3.61
		50	HARDI 4695-29E	1	1.63
				1.5	1.99
				2	2.30
				3	2.82
		100	TEEJET 8001E	1.5	0.28
				2	0.32
				2.5	0.36
		100	TEEJET 80015E	1.5	0.42
				2	0.48
				2.5	0.54
		50	TEEJET 8002E	1.5	0.56
				2	0.64
				2.5	0.72
		50	TEEJET 8003E	1.5	0.84
				2	0.97
				2.5	1.08
		50	TEEJET 8004E y 9504E	1.5	1.12
				2	1.29
				2.5	1.44

5.2. BOQUILLAS DE REPARTO NO UNIFORME: TRATAMIENTOS EN BANDAS ANCHAS Y A TODA LA SUPERFICIE

Boquillas simétricas de abanico plano

Estas boquillas se emplean asociada en barra para aplicar sobre una franja ancha. Se disponen normalmente a 50 cm de altura y a 50 cm de distancia entre boquillas, en posición vertical. Entre las más usadas señalamos los modelos de Albuz y Teejet, que pueden funcionar entre 1.5 y 4 bares de presión. Se advierte que en algunos modelos de Teejet, el fabricante no recomienda su uso a menos de 2 bares.

Boquillas excéntricas de abanico plano (asimétricas)

Se emplean preferentemente en las terminaciones de las barras, normalmente a 50 cm de altura, en posición inclinada. Pueden utilizarse como boquilla única, o en composiciones con boquillas simétricas. Como boquilla única tiene aplicación para pulverizar herbicidas sobre la línea de los olivos. En combinaciones con boquillas simétricas pueden emplearse tanto para aplicar sobre la línea de los olivos, como para hacer tratamientos a toda la superficie del olivar. Es importante tener en cuenta el ángulo formado por la boquilla con la vertical, que varía según las marcas.

En los catálogos de boquillas se indica para cada presión la distancia a la que llega el caldo pulverizado, pero no se suele hacer referencia a la distancia que debe separar las boquillas para que el solape sea adecuado y la distribución homogénea. "W" es la anchura de la banda mojada, pero no corresponde con la anchura de la banda tratada de forma efectiva, con dosis suficiente de caldo, que es siempre menor que la mojada.

En la TABLA 3 se recogen los caudales teóricos, según catálogo, de las boquillas más usadas en olivar, así como el tipo de filtro necesario. También se aportan los resultados obtenidos por Humanes (1992) en ensayos realizados en banco de pruebas con algunas de estas boquillas. Puede comprobarse que hay ligeras desviaciones, siendo algo más altos los caudales reales de las boquillas Albuz y Hardi, y un poco inferiores en las Teejet. Con el desgaste, los caudales de las Teejet se aproximarán a los teóricos, mientras que en las otras dos marcas se distanciarán de ellos.

En el ANEJO (FIGURA 2) se representan las distribuciones de caudales obtenidas experimentalmente para algunas de las boquillas más usadas en los tratamientos herbicidas de olivar.

TABLA 3. Caudales teóricos y experimentales de las boquillas más usadas en la composición de barras para tratamientos herbicidas en olivar

TIPO DE BOQUILLA	POSICION	FILTROS Nº mallas	BOQUILLA	PRESIÓN bar	CAUDAL TEÓRICO l/min	CAUDAL EXPERIMENTAL l/min	ALCANCE DEL PRODUCTO "W" (Para H=50 cm) cm
ABANICO PLANO SIMÉTRICO	VERTICAL	110	ALBUZ APG 100 Amarilla	1.5	0.42	-	
				2	0.49	0.5	
				3	0.61	0.56	
				4	0.70	-	
		50	ALBUZ APG 110 Naranja	1.5	0.60	-	
				2	0.70	0.73	
				3	0.86	0.88	
				4	0.99	-	
			ALBUZ APG 110 Roja	1.5	0.85	-	
				2	0.99	1.05	
				3	1.21	1.26	
				4	1.40	-	
		100	TEEJET 110-015	1.5	0.42	-	
				2	0.48	-	
				3	0.59	-	
				4	0.68	-	
		50	TEEJET 110-02	1.5	0.56	-	
				2	0.64	0.61	
				3	0.79	0.73	
				4	0.91	-	
			TEEJET 110-03	1.5	0.84	-	
				2	0.97	-	
				3	1.18	-	
				4	1.37		
ABANICO PLANO EXCÉNTRICO	60º CON LA VERTICAL	50	TEEJET OC-02	2	0.65	0.58	178
				3	0.79	0.76	183
				4	0.91	-	188
			TEEJET OC-03	2	0.97	-	198
				3	1.18	-	205
				4	1.37		210
			TEEJET OC-04	2	1.29	1.14	232
				3	1.58	1.5	237
				4	1.82	-	239
			TEEJET OC-06	2	1.93	1,75	258
				3	2.37	2.25	264
				4	2.74	-	266
			TEEJET OC-08	2	2.58	-	262
				3	3.16	-	267
				4	3.65	-	272
			TEEJET OC-12	2	3.87	3.5	268
				3	4.74	4.6	273
				4	5.47	-	275
	45º CON LA VERTICAL		HARDI G 150	1	0.59	-	-
				2	0.83	-	-
				3	1.02	-	155
			HARDI G 200	1	0.96	-	-
				2	1.36	-	-
				3	1.67	1.7	195
			HARDI G 250	1	1.67	-	-
				2	2.36	-	-
				3	2.89	-	250
			HARDI G 300	1	2.09	-	-
				2	2.95	-	-
				3	3.61	3.7	280

Las boquillas Teejet de chorro plano ensayadas fueron los modelos estándar.
Alcance del producto cuando la boquilla se sitúa a H = 50 cm de altura.

5.3. EQUIVALENCIAS EN CAUDALES DE LAS BOQUILLAS SIMÉTRICAS DE ABANICO PLANO

En la TABLA 4 se indican qué boquillas de las marcas Albuz y Teejet son equivalentes en caudales y ángulo de abertura. Humanes (1992) realizó ensayos de diferentes boquillas para hacer la composición idónea de la barra de tratamientos, pero entre ellas no se encontraban la Teejet 110-015 y la Teejet 110-03. Por las características de ambas puede deducirse que pueden sustituir respectivamente a las Albuz APG 110 amarilla y Albuz APG 110 roja.

TABLA 4. Equivalencia entre boquillas de abanico plano según los caudales

FILTROS	EQUIVALENCIAS	
100 mallas	ALBUZ APG 110 Amarilla	TEEJET 110-015
50 mallas	ALBUZ APG 110 Naranja	—
50 mallas	—	TEEJET 110-02
50 mallas	ALBUZ APG 110 Roja	TEEJET 110-03

Las boquillas excéntricas Teejet OC-02, Teejet OC-03, Teejet OC-06, Teejet OC-08, Teejet OC-12, Hardi G300 y las de espejo Albuz, no tienen equivalencia. En cambio, las boquillas Hardi G200 y Teejet OC-04, son similares en cuanto a caudal, aunque puede observarse en el ANEJO (FIGURA 2) que difieren en cuanto a distribución del producto.

En cualquier caso, no deben combinarse boquillas simétricas de distintas marcas, sin experimentar primero y comprobar la distribución correcta del caldo.

Capítulo 2

COMBINACIONES DE BOQUILLAS

En el CAPÍTULO 1 se hace referencia a algunos aspectos generales de la pulverización de herbicidas y se han descrito las boquillas que se usan habitualmente en el olivar y su modo de empleo. Hemos podido ver que para aplicar sobre una franja estrecha se puede usar una sola boquilla de espejo o de abanico de reparto uniforme (Apartado 5.1), pero para aplicar sobre franjas anchas es necesario emplear varias boquillas y/o solapar la pulverización en las diferentes pasadas.

En el CAPÍTULO 2 se van a describir las combinaciones de boquillas más adecuadas para aplicar herbicidas en el olivar y se aportan las tablas de caudales correspondientes para facilitar la elección apropiada en cada caso. Con estas combinaciones no están agotadas las posibilidades de diseño de barra y elección de boquillas, sino que son soluciones de fácil realización entre otras que pudieran aportarse.

6. SUPERPOSICIÓN DE BOQUILLAS SIMÉTRICAS DE ABANICO PLANO

La construcción de una barra para aplicar herbicidas en el centro de las calles no entraña ninguna dificultad. Este es el caso habitual en la aplicación de herbicidas en cualquier cultivo y se trata simplemente de encadenar las boquillas, tal y como recomiendan los catálogos de los mejores fabricantes, y pulverizar manteniendo constante la presión y la velocidad de avance.

En la FIGURA 8 se representa la forma de disponer la barra. Como se trata del centro de las calles, aunque el marco de plantación sea amplio, se puede aplicar en una sola pasada en cada calle. La barra se situará detrás del tractor y de la cuba, de forma que pulverice después de pasar las ruedas.

FIGURA 8
Combinación de boquillas simétricas para aplicación de herbicidas en el centro de las calles

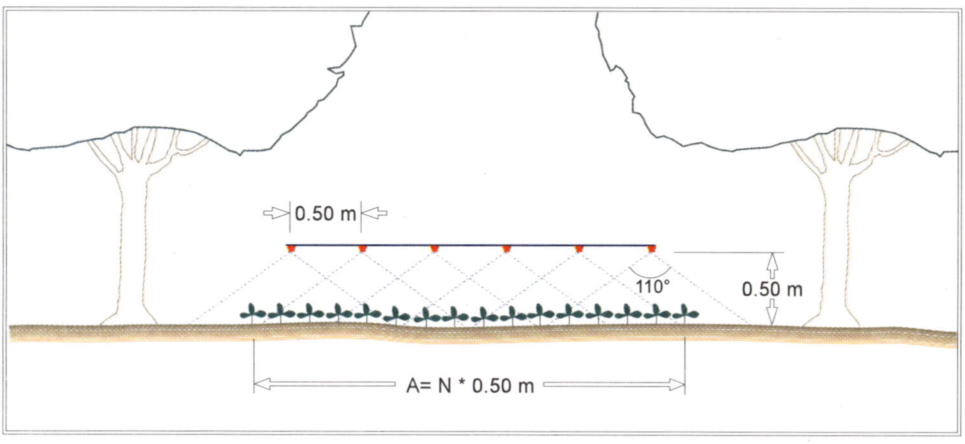

En la TABLA 5 se recogen los caudales por hectárea realmente tratada, suministrados por las boquillas más usadas. Se indica también el tiempo que se emplea en recorrer 1000 m a fin de realizar más fácilmente el ajuste del pulverizador. Solamente hay que tener en cuenta que la anchura de tratamiento A se calcula multiplicando el número de boquillas por 0,5 m.

TABLA 5. Volúmenes de caldo por hectárea realmente tratada con combinación de boquillas simétricas

VELOCIDAD			0.8 m/s	3 km/h	1 m/s	4 km/h	5 km/h	6 km/h	7 km/h
TIEMPO EN RECORRER 1.000 m min			20.83	20	16.66	15	12	10	8.57
BOQUILLAS Separadas 50 cm H = 50 cm	PRESIÓN bar	CAUDAL DE UNA BOQUILLA l/min	VOLÚMENES DE CALDO POR HECTÁREA REALMENTE TRATADA l/ha						
TEEJET 100 015	1.5	0.42	175	168	140	126	100	84	72
	2	0.48	200	192	160	144	115	96	82
	3	0.59	246	236	197	177	142	118	101
	4	0.68	283	272	227	204	163	136	116
ALBUZ APG 110 Amarilla	1.5	0.42	175	168	140	126	100	84	72
	2	0.49	204	196	163	147	118	98	84
	3	0.61	254	244	203	183	146	122	104
	4	0.7	291	280	233	210	168	140	120
TEEJET 110 02	1.5	0.56	233	224	187	168	134	112	96
	2	0.64	266	256	213	192	154	128	110
	3	0.79	329	316	263	237	190	158	135
	4	0.91	379	364	303	273	218	182	156
ALBUZ APG 110 Naranja	1.5	0.6	250	240	200	180	144	120	103
	2	0.7	291	280	233	210	168	140	120
	3	0.86	358	344	287	258	206	172	147
	4	0.99	412	396	330	297	238	198	170
TEEJET 110 03	1.5	0.84	350	336	280	252	202	168	144
	2	0.97	404	388	323	291	233	194	166
	3	1.18	491	472	393	354	283	236	202
	4	1.37	571	548	457	411	329	274	235
ALBUZ APG 110 Roja	1.5	0.85	354	340	283	255	204	170	146
	2	0.99	412	396	330	297	238	198	170
	3	1.21	504	484	403	363	290	243	207
	4	1.4	583	560	467	420	236	280	240

Las boquillas Teejet sólo pueden emplearse a 1.5 bar si son XR Teejet, o modelos especiales. Las normales no admiten tan baja presión. (Ver Catálogos). La anchura efectiva del tratamiento se obtendrá multiplicando el número de boquillas por 0.5 m.
Altura de las boquillas H= 50 cm.

En el ANEJO (FIGURA 3) se muestran algunas de las excelentes distribuciones de caudal proporcionadas por algunas de las combinaciones de boquillas de la tabla anterior. Puede observarse la buena distribución de las mismas.

Debe observarse que en los extremos de la barra (aproximadamente unos 25 cm de distancia de la boquilla al borde de la banda a tratar) la dosis aplicada es ligeramente más baja que en el centro de la franja, porque en el centro se produce solape entre abanicos de pulverización y en los extremos no. Si se ha ajustado la dosis del producto a valores mínimos es posible que el efecto herbicida en los bordes no sea totalmente satisfactorio. Por ello, en muchos casos se añade una boquilla más, para asegurar la correcta dosificación en los mencionados bordes de la franja; y como consecuencia, el cálculo del ancho efectivo de tratamiento y volúmenes de caldo se hará para N+1 boquillas.

7. SUPERPOSICIÓN DE BOQUILLAS EXCÉNTRICAS DE ABANICO PLANO

Las boquillas excéntricas de abanico plano proporcionan distribuciones asimétricas de tipo "triangular", de forma que al superponerse en sentido opuesto solapan y pueden dar distribuciones homogéneas.

La superposición de dos boquillas permite hacer aplicaciones en bandas, como por ejemplo en las líneas de plantación. Normalmente se van a emplear dando dos pasadas, una por cada lado del árbol (FIGURA 9 A). Pero también se pueden utilizar para hacer tratamientos en el centro de las calles tal y como se representa en la FIGURA 9 B.

La superposición de boquillas excéntricas no puede hacerse de forma arbitraria o aproximada, sino que hay que combinar adecuadamente la presión y la distancia entre ellas, para que la distribución sea homogénea y el tratamiento resulte eficaz en toda la banda.

En la FIGURA 10 se representa la aplicación simultánea a ambos lados del árbol. Puede observarse que la anchura del tratamiento no es el doble de la distancia a la que se sitúan las boquillas, sino que es algo menor debido a la forma especial de su distribución de caudal.

En la TABLA 6 se recogen los volúmenes aproximados por hectárea realmente tratada, y el volumen gastado en 1000 m de recorrido (para dos boquillas, después de realizar la doble pasada y el solape). En esta Tabla se reflejan solamente distancias entre boquillas y anchuras efectivas de tratamiento que han sido experimentadas en banco de pruebas y que dieron lugar a repartos de caldo homogéneos (Humanes, 1992). Otras distancias y boquillas fueron desechadas por falta de homogeneidad en la distribución. Cualquier otra combinación debe ser probada previamente.

En el ANEJO (FIGURA 4) se representan las distribuciones a que hacemos mención.

FIGURA 9
Combinación de boquillas excéntricas de abanico plano para aplicación de herbicidas en la línea de plantación o en el centro de las calles

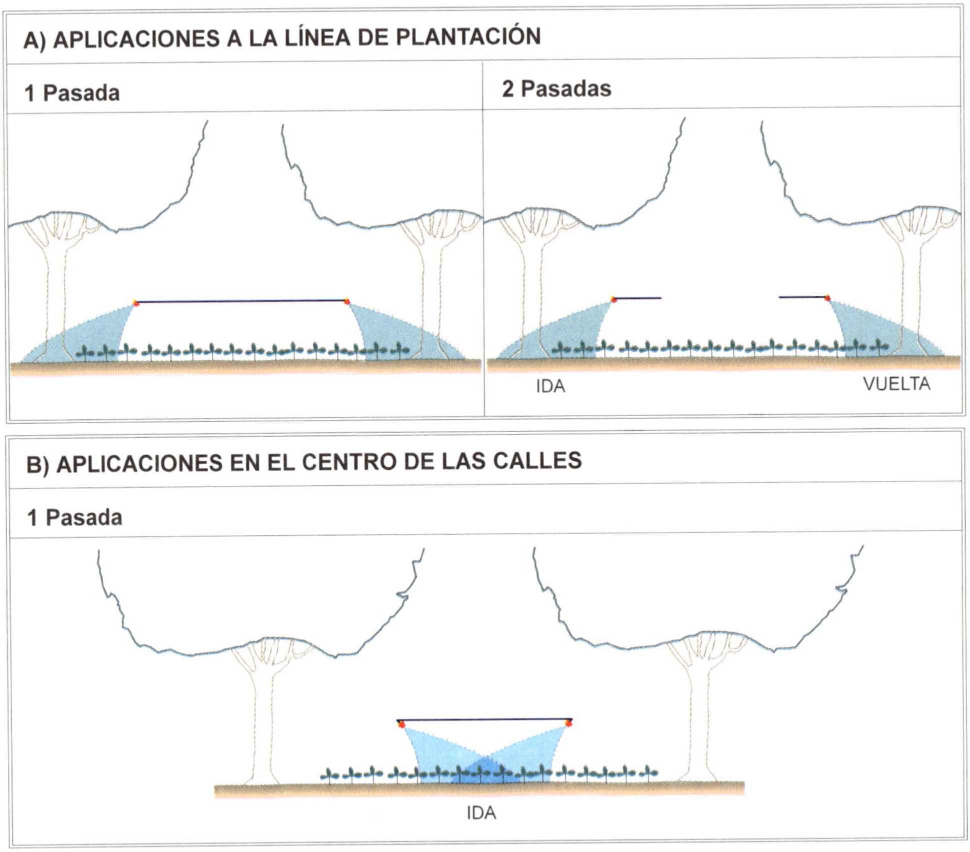

FIGURA 10
Representación de la aplicación a ambos lados del árbol con boquillas excéntricas de abanico plano

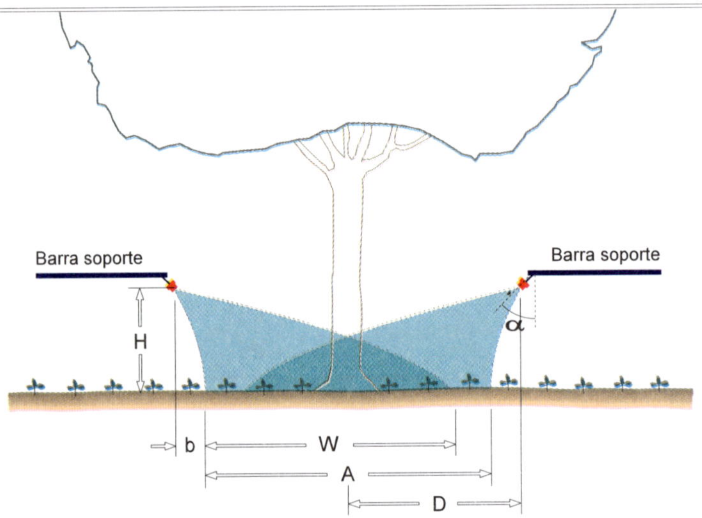

b = Anchura no mojada
W = Anchura mojada
A = Anchura de la banda realmente tratada una vez hecha la doble pasada
D = Distancia de la boquilla al árbol
H = Altura de la boquilla sobre el suelo
α = Ángulo del eje de la boquilla con la vertical

TABLA 6. Caudales por hectárea realmente tratada con dos boquillas excéntricas de abanico plano superpuestas

VELOCIDAD					0.8 m/s	3 km/h	1 m/s	4 km/h	5 km/h	6 km/h	7 km/h
TIEMPO EN RECORRER 1.000 m min					20,83	20	16.66	15	12	10	8.57
BOQUILLA	PRESIÓN bar	DISTANCIA DE LA BOQUILLA AL ÁRBOL (*) cm	ANCHURA EFECTIVA DEL TRATAMIENTO (**) cm	CAUDAL DE LAS BOQUILLAS l/min	VOLUMEN EMPLEADO EN 1.000 m. DE LONGITUD DE LA BANDA (CAUDAL TEÓRICO) Litros / VOLUMEN POR HECTÁREA REALMENTE TRATADA (l/ha)						
TEEJET OC-02	2	140	180	1.3	27.08	26	21.66	19.5	15.6	13	11.14
					150	144	120	108	87	72	62
	3	175	250	1.58	32.91	31.6	26.33	23.7	18.96	15.8	13.54
					132	126	105	95	76	63	54
TEEJET OC-04	2	160	260	2.58	53.74	51.6	42.98	38.7	30.96	25.8	22.11
					207	198	165	149	119	99	85
	3	195	330	3.16	65.82	63.2	52.66	47.4	37.92	31.6	27.08
					200	191	160	145	115	96	82
TEEJET OC-06	2	185	280	3.86	80.4	77.2	64.33	57.9	46.32	38.6	33.08
					287	276	230	206	165	137	118
	3	235	410	4.74	98.73	94.8	79.0	71.1	56.88	47.4	40.62
					240	231	193	173	139	116	99
TEEJET OC-12	2	240	420	7.74	161.2	154.8	128.9	116.0	92.88	77.4	66.33
					384	368	306	276	221	184	158
	3	275	490	9.48	197.5	189.6	158.0	142.2	113.8	94.8	81.24
					403	387	322	290	232	194	166
HARDI G-200	3	150(***)	220	3.34	69.57	66.8	55.66	50.1	40.08	33.4	28.62
					316	303	253	228	182	152	130
	3	165	230	3.34	69.57	66.8	55.66	50.1	40.08	33.4	28.62
					302	290	241	218	174	145	125
HARDI G-300	3	195	310	7.22	150.3	144.4	120.3	108.3	86.6	72.2	61.88
					485	465	388	349	279	233	200

(*) En el caso de aplicaciones en el centro de las calles empleando dos boquillas excéntricas montadas en una misma barra, la distancia entre ambas boquillas será el doble de la distancia de la boquilla al árbol, expresada en la Tabla.

(**) La anchura efectiva del tratamiento es la obtenida después del solape de la pulverización de las dos boquillas.

(***) Altura 30 cm.

En el ANEJO (FIGURA 5) se representan algunas combinaciones de boquillas, altura, distancia y presión que se experimentaron y se desecharon por no proporcionar una distribución con uniformidad aceptable para la aplicación de herbicidas.

8. SUPERPOSICIÓN DE BOQUILLAS SIMÉTRICAS Y EXCÉNTRICAS

Esta combinación consiste en disponer boquillas simétricas en el centro de la barra y boquillas excéntricas en los extremos. Las posibilidades de uso son múltiples, ya que ofrecen gran versatilidad para adaptarla a muy diferentes situaciones.

Así, una de las aplicaciones más comunes es la realización de tratamientos a toda la superficie (FIGURA 11). Puede hacerse el tratamiento en una sola pasada si la calle es estrecha, o en dos pasadas si es ancha. En la Figura, se observa así mismo que es posible tratar el centro de la calle, mediante el solape de boquillas de abanico o mediante el solape de boquillas excéntricas proyectando el chorro

FIGURA 11
Combinaciones de boquillas simétricas y terminales para distintos tipos de tratamientos a toda la superficie

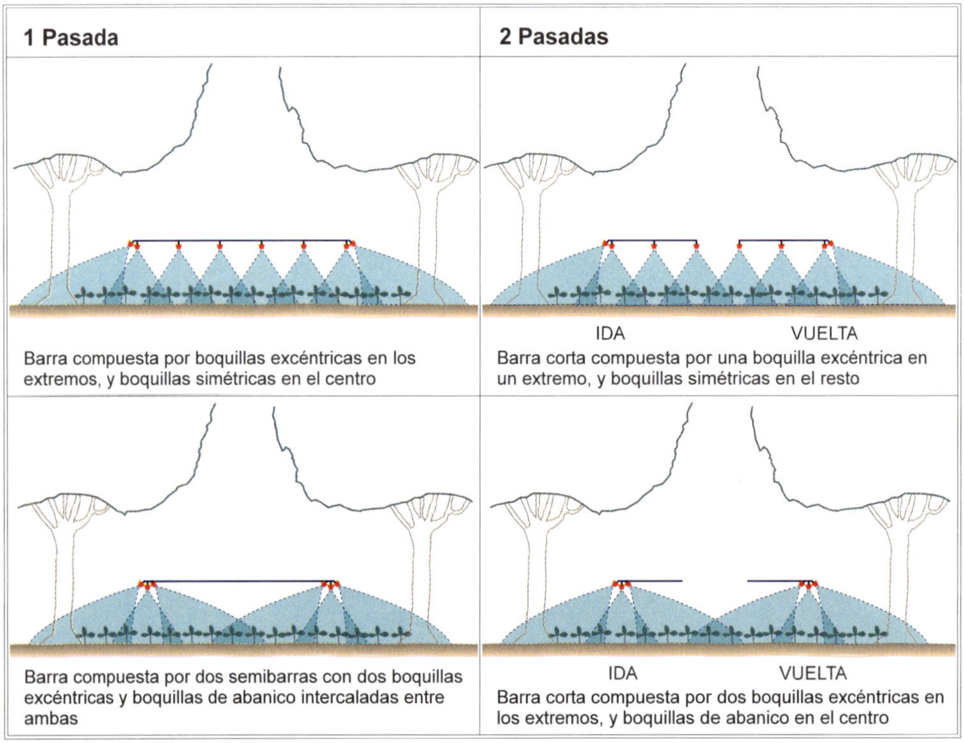

Barra compuesta por boquillas excéntricas en los extremos, y boquillas simétricas en el centro

Barra corta compuesta por una boquilla excéntrica en un extremo, y boquillas simétricas en el resto

Barra compuesta por dos semibarras con dos boquillas excéntricas y boquillas de abanico intercaladas entre ambas

Barra corta compuesta por dos boquillas excéntricas en los extremos, y boquillas de abanico en el centro hacia el centro. Esta segunda solución es muy adecuada para tratamientos en dos pasadas, en plantaciones con calles muy anchas, especialmente cuando la anchura de calle no es homogénea, porque, en esas circustancias, ajustar el solape de boquillas simétricas de abanico en dos pasadas es, evidentemente, dificultoso.

La combinación de boquillas simétricas y excéntricas también permite hacer aplicaciones en las líneas de plantación si se suprimen algunas de las boquillas centrales (FIGURA 12 A). Incluso cambiando el sentido de las boquillas excéntricas se pueden hacer aplicaciones en el centro de la calle (FIGURA 12 B).

FIGURA 12
Combinaciones de boquillas simétricas y terminales para distintos tipos de tratamientos en las líneas de plantación o en el centro de las calles

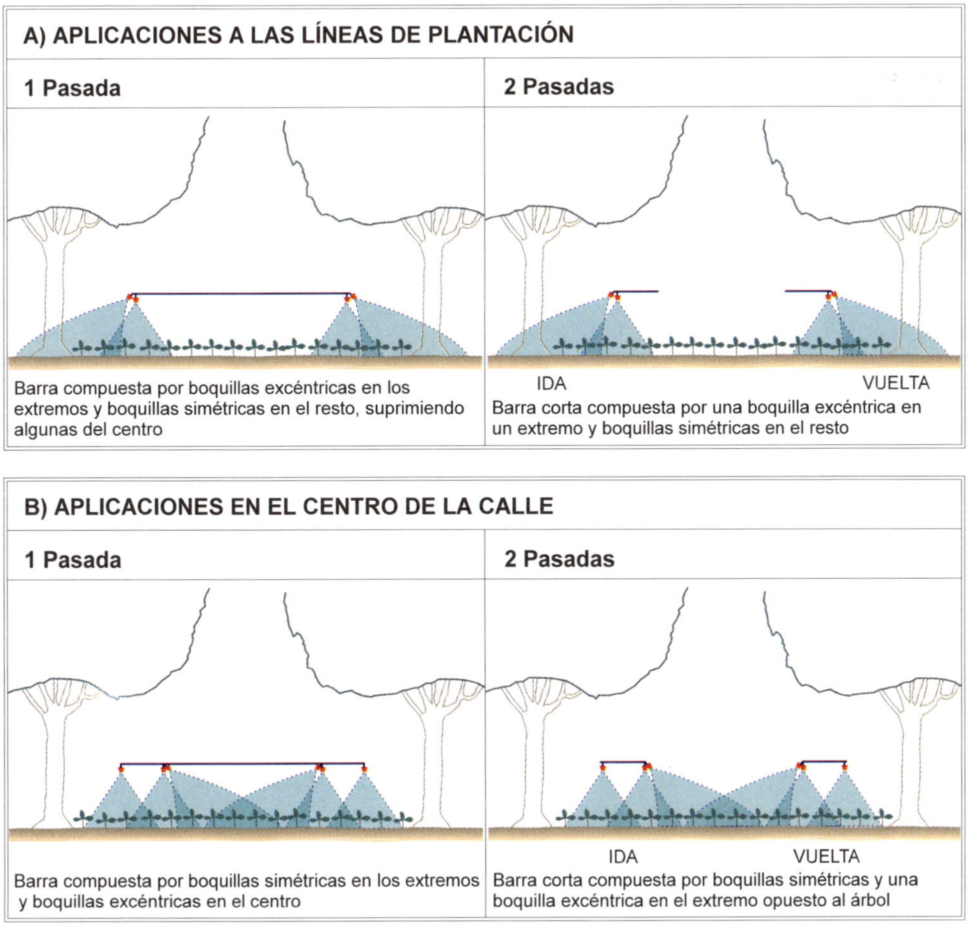

En las Figuras anteriores hemos visto la versatilidad de empleo de combinaciones de boquillas de abanico plano simétricas y excéntricas. En los apartados siguientes vamos a analizar la forma correcta de combinar los distintos modelos.

Con el fin de simplificar las explicaciones y cálculos, nos vamos a referir al caso más habitual que es aplicar herbicidas a uno de los lados de la calle, sobre la línea de plantación.

8.1. LIMITACIONES POR CAUDALES

La combinación de boquillas dentro de una barra presenta limitaciones según el caudal de cada una de ellas. Para poder combinar dos boquillas éstas deben tener un caudal nominal por minuto y por metro similar. El caudal por minuto y por metro se refiere al caudal nominal de la boquilla dividido por la anchura teórica de tratamiento (en metros), que correspondería cubrir a cada boquilla.

–Para boquillas simétricas, cuya disposición normal sobre la barra es a 50 cm de distancia entre boquillas, la anchura teórica de tratamiento correspondiente a cada boquilla es evidentemente 0.5 m.

–En el caso de las boquillas excéntricas, cuando se combinan con boquillas simétricas, la anchura teórica de tratamiento (A) es la distancia de la última boquilla simétrica al árbol (D) menos 25 cm (A= D - 0.25m). En la FIGURA 13 se representa un esquema de lo expuesto.

Para obtener un reparto homogéneo del producto, combinando boquillas simétricas y terminales, evidentemente los caudales que proporciona cada boquilla por metro de anchura de franja tratada, si no son exactamente iguales han de ser muy parecidos. Si estos caudales son muy diferentes el reparto en la parte cubierta por las boquillas simétricas y excéntricas será diferente. En casos concretos puede interesar aplicar más caldo, es decir, más dosis de herbicida en un zona, pero lo nor-

FIGURA 13
Esquema de la pulverización con boquillas de abanico plano simétricas y asimétricas

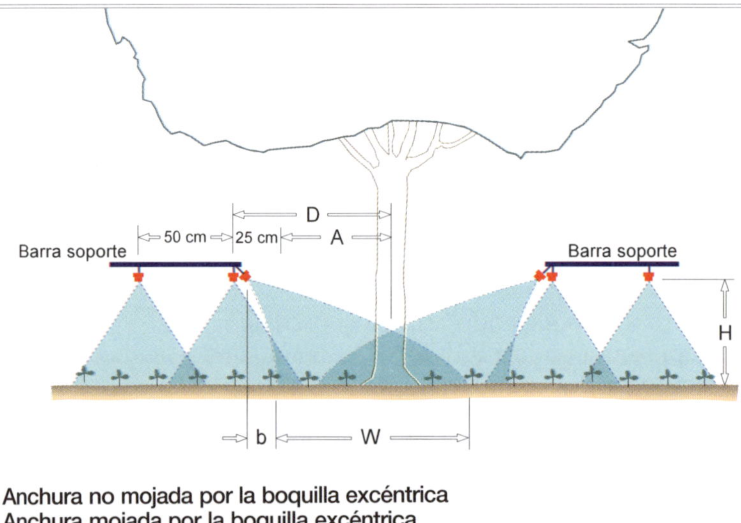

b = Anchura no mojada por la boquilla excéntrica
W = Anchura mojada por la boquilla excéntrica
A = Anchura teórica de tratamiento para la boquilla excéntrica
D = Distancia de la última boquilla simétrica al árbol
H = Altura de la boquilla sobre el suelo
25 cm = Mitad de la distancia entre boquillas simétricas

mal será aplicar el caldo de forma homogénea. En las TABLAS 7 y 8 se han señalado con el mismo color los caudales equivalentes en l/m/minuto.

De estas Tablas podremos deducir, por ejemplo, que a 2 bar no es posible combinar boquillas simétricas Teejet 110-04, que proporcionan un caudal de 2.58 l/m/min con boquillas asimétricas Teejet OC-02 situadas a 100 cm del árbol, porque proporcionarían un caudal de 0.93 l/m/min, que es mucho más pequeño, y daría forzosamente una distribución poco homogénea: cantidades altas de caldo en la zona pulverizada por las boquillas simétricas y cantidades muy bajas en la pulverizada por las asimétricas.

8.2. LIMITACIÓN POR ALCANCE DE LAS BOQUILLAS EXCÉNTRICAS

Las boquillas excéntricas, según la presión de trabajo, llegan a pulverizar a una distancia determinada. En la FIGURA 13 se puede observar que por debajo de la boquilla excéntrica, a una distancia **b,** la boquilla excéntrica no pulveriza, sino que es la boquilla simétrica la que cubre ese espacio. La boquilla excéntrica pulveriza sobre una banda de anchura **W**, de forma que en la parte más alejada la cantidad de caldo es muy baja, por lo que es necesario un solape entre la pulverización de boquillas orientadas en sentido opuesto.

Es decir, que en las dos pasadas a cada lado de la línea de árboles y suponiendo despreciable la distancia entre la última boquilla simétrica y la excéntrica, se debe cumplir que:

- **la distancia b + W tiene que ser mayor que la distancia entre la última boquilla simétrica y el árbol** (lo suficientemente mayor como para que se produzca solape)
- **la distancia b + W tiene que ser menor o igual al doble de la distancia entre la última boquilla simétrica y el árbol,** o lo que es lo mismo, a la distancia entre las últimas boquillas simétricas en las dos pasadas.

Esta última condición limita la utilización de determinadas combinaciones de boquillas, tanto por defecto como por exceso, es decir, no se puede instalar en el extremo de una barra una boquilla de poco alcance y aplicar a mucha distancia del árbol porque la línea de plantación no quedaría pulverizada con la dosis suficiente, y la hierba no sería controlada. Por el contrario, una boquilla excéntrica de largo alcance podría sobrepasar y pulverizar más allá de la zona de solape y alcanzar la zona que deberían pulverizar las boquillas simétricas cuando se aplicara al otro lado del árbol, produciendo así una sobredosificación. Esto, de forma esquemática, se representa en la FIGURA 14, en el supuesto ideal de un reparto perfectamente uniforme y homogéneo.

En las TABLAS 7 y 8 se han excluido las combinaciones de boquillas que no cumplen las condiciones de distancia indicadas, señalando con **sombreado gris** aquellas que no podrían utilizarse.

FIGURA 14
Esquema de composición de boquillas en el supuesto de una distribución homogénea perfecta
Las líneas *rojas* representan la distribución de caudal resultante

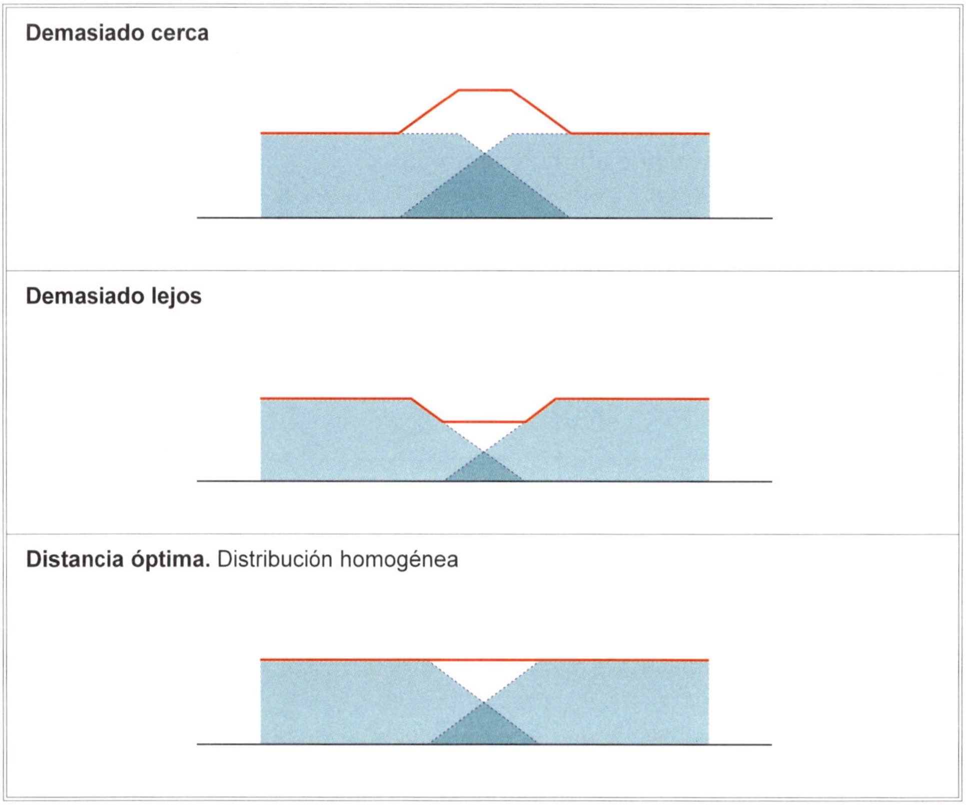

8.3. LIMITACIONES POR UNIFORMIDAD DE REPARTO

En muchos casos puede deducirse *"a priori"* que determinadas distribuciones de caldo de las boquillas van a presentar problemas para obtener un reparto uniforme. En la FIGURA 15 se muestra un caso concreto.

Teniendo en cuenta las limitaciones de caudal y alcance, y con algo de imaginación, podrían hacerse multitud de combinaciones, emplear incluso juegos dobles de boquillas o boquillas de bajo y alto caudal, por ejemplo emplear doble juego de boquillas simétricas y una sola boquilla de extremo, o viceversa, dos boquillas de extremo con una sola serie de boquillas simétricas. Pero cualquier combinación que podamos idear deberá comprobarse a efectos de distribución homogénea sobre la superficie, además de reunir los requisitos expuestos en los apartados anteriores.

El caso más habitual que nos encontraremos será un juego de boquillas simétricas iguales y boquillas excéntricas en el extremo. De las TABLAS 7 y 8 deducimos, que por caudal y distancia son pocas las combinaciones adecuadas. Humanes (1992) comprobó en banco de pruebas algunas de estas combinaciones, a 2 y 3 bares de presión, para determinar cuáles eran más apropiadas y aportó soluciones para una misma presión en todas las boquillas y combinando presiones diferentes para las boquillas asimétricas y las simétricas. La posición de la boquilla de extremo se varió entre 0 y 20 cm de distancia con respecto a la boquilla simétrica, y se obtuvieron soluciones en diferentes casos. Los resultados de este trabajo se recogen en la TABLA 9.

En el ANEJO (FIGURA 6) se representan los repartos de caudal una vez producido el solape (equivalente al tratamiento por ambos lados de la línea de plantación) para una barra con 5 boquillas simétricas y una excéntrica.

FIGURA 15. Distribución de caldo y solapes a diferentes distancias entre los extremos de la barra
Las líneas *rojas* representan la distribución de caudal resultante

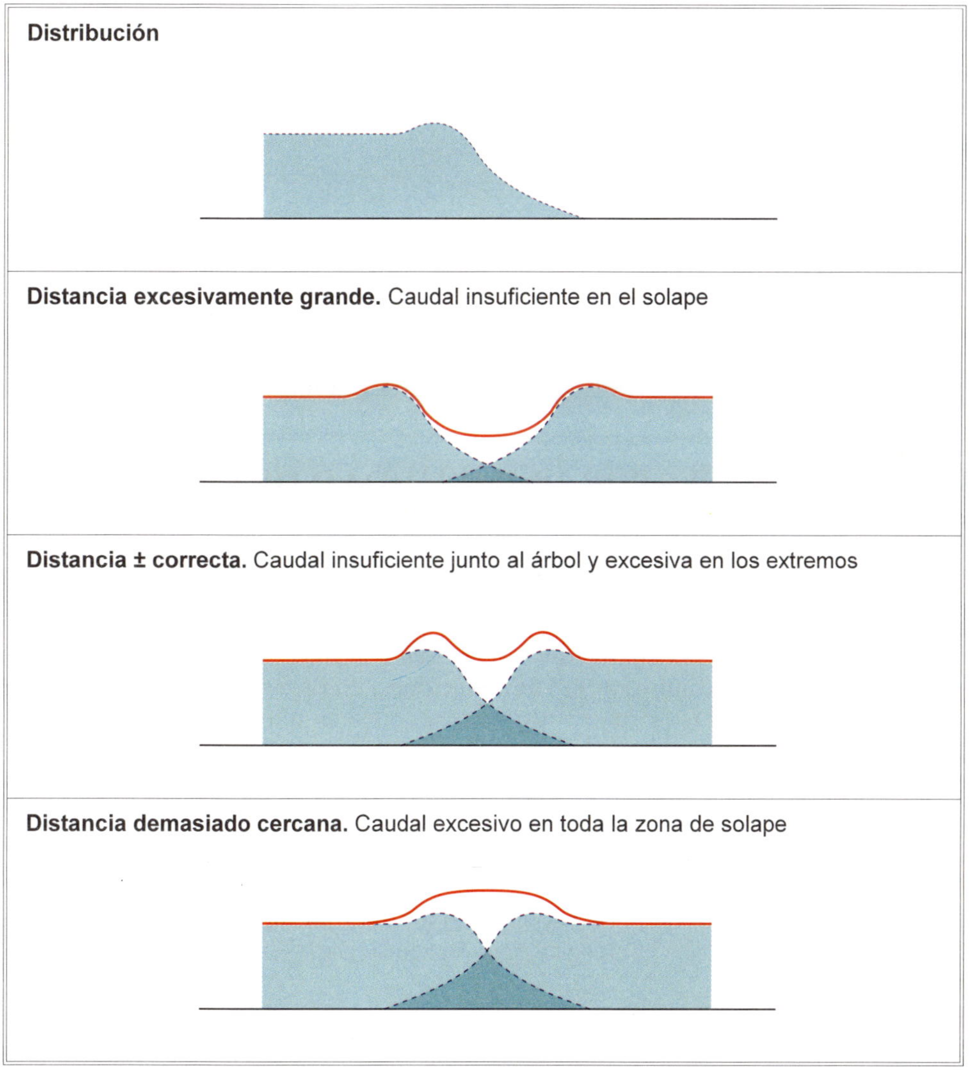

TABLA 7. Caudales por minuto y por m de franja tratada para boquillas de abanico plano simétricas y asimétricas pulverizando a 2 bar de presión

PRESIÓN 2 BAR

BOQUILLA ASIMÉTRICA	W cm	b cm	W+b cm	CAUDAL NOMINAL l/min	CAUDALES NOMINALES/ANCHURA TEÓRICA l / m / min — DISTANCIA DE LA ÚLTIMA BOQUILLA SIMÉTRICA AL ÁRBOL (cm) 0.75	100	125	150	175	200	225
TEEJET OC-02	172	*45*	*217*	0.65	1.30	0.86	0.65	0.52	0.43	0.37	0.42
TEEJET OC-03	195	*40*	*235*	0.97	1.94	1.29	0.97	0.77	0.65	0.55	0.48
TEEJET OC-04	231	*30*	*261*	1.29	2.58	1.72	1.29	1.03	0.86	0.74	0.64
TEEJET OC-06	251	*30*	*281*	1.93	3.86	2.56	1.93	1.54	1.29	1.10	0.96
TEEJET OC-08	254	*30*	*284*	2.58	5.16	3.44	2.58	2.06	1.72	1.47	1.29
TEEJET OC-12	259	*30*	*289*	3.87	7.74	5.16	3.87	3.10	2.58	2.21	1.93
TEEJET OC-16	335	*25*	*360*	5.16	10.3	6.88	5.16	4.13	3.44	2.94	2,58
HARDI G-150	*150*	*45*	*195*	0.83	1.66	1.11	0.83	0.66	0.47	0.47	0.41
HARDI G-200	*190*	*40*	*230*	1.36	2.72	1.80	1.36	1.09	0.91	0.78	0.68
HARDI G-250	*245*	*30*	*275*	2.36	4.72	3.15	2.36	1.89	1.57	1.35	1.18
HARDI G-300	*275*	*30*	*305*	2.95	5.90	3.93	2.95	2.36	1.96	1.69	1.47
HARDI G-350	*290*	*30*	*320*	4.50	9.00	6.00	4.50	3.6	3.00	2.57	2.25
HARDI G-400	*340*	*25*	*365*	6.20	12.4	8.27	6.20	4.96	4.13	3.54	3.1

BOQUILLA SIMÉTRICA	CAUDAL NOMINAL l/min	CAUDAL NOMINAL/ANCHURA TEÓRICA l / m / min
APG 110 Amarilla	0.49	0.98
APG 110 Naranja	0.70	1.40
APG 110 Roja	0.99	1.98
APG 110 Verde	1.40	2.80
TEEJET 110-015	0.48	0.96
TEEJET 110-02	0.64	1.28
TEEJET 110-03	0.97	1.94
TEEJET 110-04	1.29	2.58

En cursiva, valores estimados por aproximación por no figurar en catálogos
Sombreado gris indica caudales sin posibilidades de combinación, fuera de límite por problemas de exceso o defecto en el solape de las boquillas excéntricas.
Los caudales equivalentes (caudal nominal/anchura teórica), y por tanto posibles combinaciones, se indican con sombras del mismo color para boquillas simétricas y excéntricas.

TABLA 8. Caudales por minuto y por m de franja tratada para boquillas de abanico plano simétricas y asimétricas pulverizando a 3 bar de presión

PRESIÓN 3 BAR

BOQUILLA ASIMÉTRICA	W cm	b cm	W+b cm	CAUDAL NOMINAL l/min	CAUDALES NOMINALES/ANCHURA TEÓRICA l/m/min — DISTANCIA DE LA ÚLTIMA BOQUILLA SIMÉTRICA AL ÁRBOL (cm)						
					0.75	100	125	150	175	200	225
TEEJET OC-02	177	*45*	*222*	0.79	1.94	0.93	0.79	0.63	0.53	0.45	0.40
TEEJET OC-03	203	*40*	*243*	1.18	2.36	1.57	1.18	0.94	0.79	0.67	0.59
TEEJET OC-04	236	*30*	*266*	1.58	3.16	2.11	1.58	1.26	1.05	0.90	0.79
TEEJET OC-06	256	*30*	*286*	2.37	4.74	3.16	2.37	1.90	1.58	1.35	1.18
TEEJET OC-08	259	*30*	*289*	3.16	6.32	4.21	3.16	2.53	2.11	1.80	1.58
TEEJET OC-12	264	*30*	*394*	4.74	9.48	6.32	4.74	3.79	3.16	2.71	2.37
TEEJET OC-16	350	*25*	*375*	6.32	12.6	8.43	6.32	5.06	4.21	3.61	3.16
HARDI G-150	155	50	205	1.02	2.04	1.36	1.02	0.82	0.68	0.58	0.51
HARDI G-200	195	45	240	1.67	3.34	2.22	1.67	1.34	1.11	0.95	0.83
HARDI G-250	250	35	285	2.89	5.78	3.85	2.89	2.31	1.93	1.65	1.45
HARDI G-300	280	35	315	3.61	7.22	4.81	3.61	2.89	2.40	2.08	1.80
HARDI G-350	295	35	330	5.51	11.0	7.35	5.51	4.41	3.67	3.15	2.75
HARDI G-400	345	30	375	7.59	15.2	10.1	7.59	6.07	5.06	4.34	3.75

BOQUILLA SIMÉTRICA	CAUDAL NOMINAL l/min	CAUDAL NOMINAL/ANCHURA TEÓRICA l/m/min
APG 110 Amarilla	0.61	1.22
APG 110 Naranja	0.86	1.72
APG 110 Roja	1.21	2.42
APG 110 Verde	1.71	3.42
TEEJET 110-015	0.59	1.18
TEEJET 110-02	0.79	1.58
TEEJET 110-03	1.18	2.36
TEEJET 110-04	1.58	3.16

En cursiva, valores estimados por aproximación por no figurar en catálogos
Sombreado gris indica caudales sin posibilidades de combinación, fuera de límite por problemas de exceso o defecto en el solape de las boquillas excéntricas.
Los caudales equivalentes (caudal nominal/anchura teórica), y por tanto posibles combinaciones, se indican con sombras del mismo color para boquillas simétricas y excéntricas.

TABLA 9. Composiciones de boquillas de abanico simétricas y asimétricas para la aplicación de herbicidas en plantaciones de árboles y que proporcionan un reparto uniforme de caldo

BOQUILLA SIMÉTRICA (BS)		BOQUILLA TERMINAL ASIMÉTRICA (BTe)		DISTANCIA ENTRE LAS ÚLTIMAS BS y BTe	DISTANCIA BARRA-ÁRBOL* Mínimo - Máximo
BOQUILLA	PRESIÓN bar	BOQUILLA	PRESIÓN bar	cm	cm
ALBUZ APG 110 Amarilla	2	TEEJET OC-04	3	10	190 - 190 (1)
"	2	TEEJET OC-06	3	0	240 - 240
"	3	"	2	0	160 - 180
"	3	"	2	10	180 - 180
"	3	"	3	0	200-240
"	3	TEEJET OC-04	3	0	140 - 180 (1)
ALBUZ APG 110 Naranja	3	TEEJET OC-06	2	0	210 - 230
"	3	TEEJET OC-12	2	10	230 - 250
Albuz APG 110 Roja	2	"	2	0	170 - 220 (2)
"	2	"	2	10	170 - 220
"	2	"	3	0	180 - 270
"	2	"	3	10	240 - 270
"	3	"	3	0	170 - 240
"	3	"	3	10	190 - 230 (2)
"	3	"	3	20	180 - 220 (2)
TEEJET 11002	2	TEEJET OC-04	2	0	140 - 150 (1 y 2)
"	2	"	3	10	140 - 170 (1 y 2)
"	2	"	3	20	170 - 190 (1 y 2)
"	2	TEEJET OC-06	2	0	150 - 190
"	2	"	2	10	160 - 200
"	2	"	2	20	190 - 190
"	2	"	3	0	230 - 230
"	2	"	3	10	210 - 230
"	2	"	3	20	220 - 220
"	3	"	3	0	190 - 220 (2)

(1) Permite aplicar herbicidas a bajo volumen
(2) Admite distancias algo menores, sin afectar excesivamente a la uniformidad del reparto
(*) Distancia entre la última boquilla, la asimétrica, y el árbol.

ANEJO
CAPÍTULOS
1 Y 2

DISTRIBUCIONES DE CALDO PROPORCIONADAS POR LAS DIFERENTES BOQUILLAS Y COMBINACIONES DE ÉSTAS

FIGURA 1. Distribución de caudal obtenidas en banco de pruebas con boquillas de espejo situada a diferentes alturas sobre el suelo y a diferente presión (Humanes, 1992).

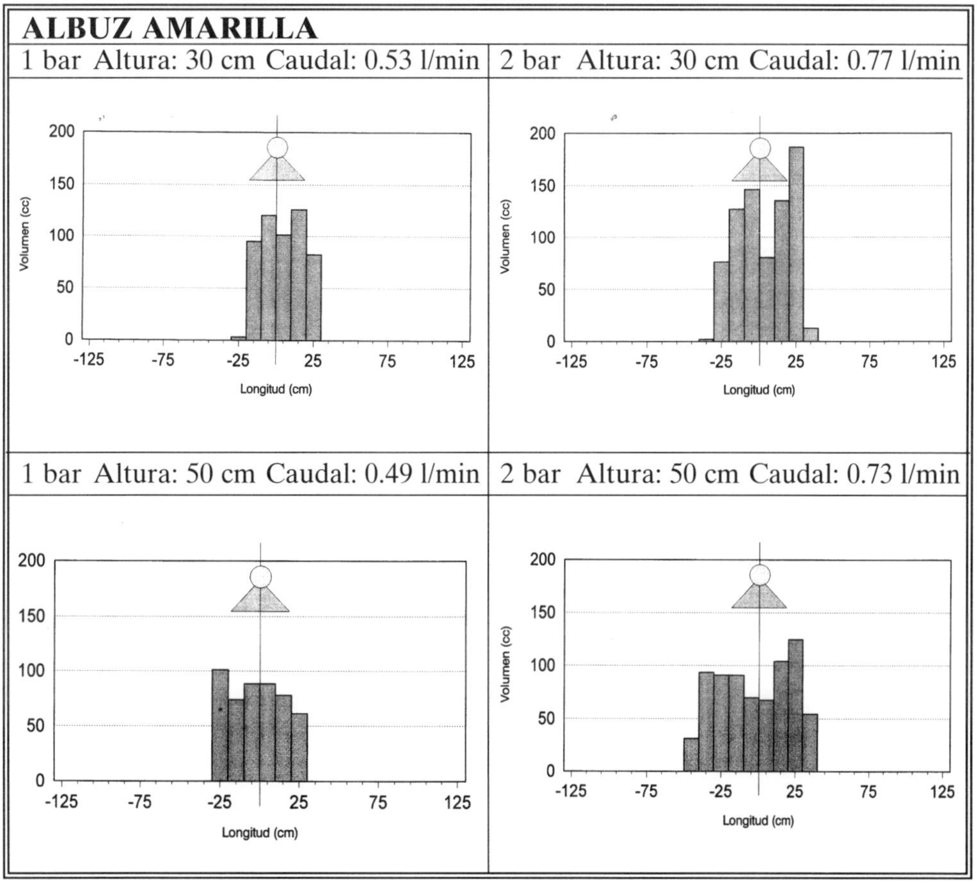

ALBUZ NARANJA

1 bar Altura: 30 cm Caudal: 0.89 l/min

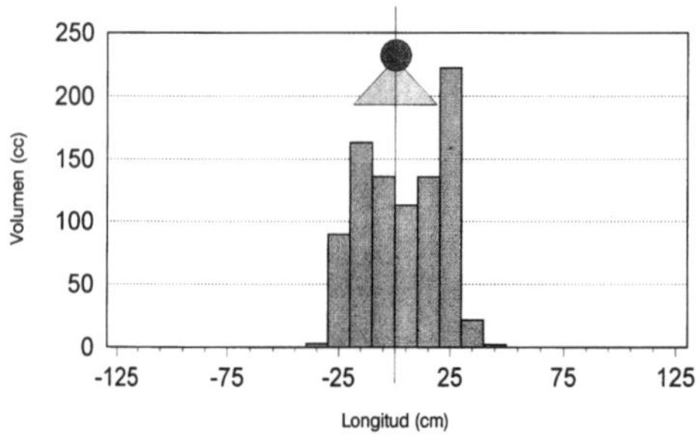

2 bar Altura: 30 cm Caudal: 1.23 l/min

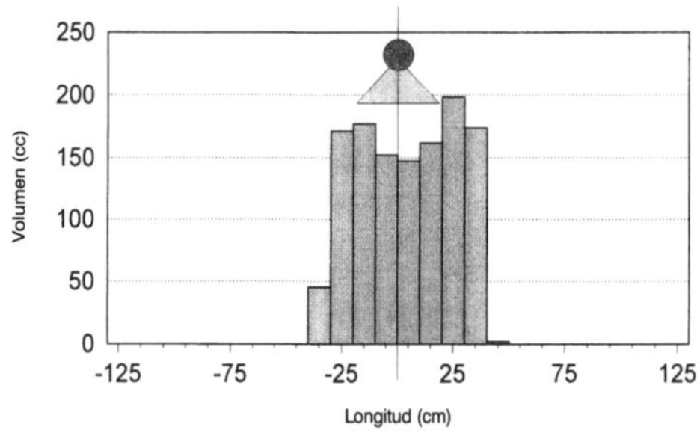

1 bar Altura: 50 cm Caudal: 0.81 l/min

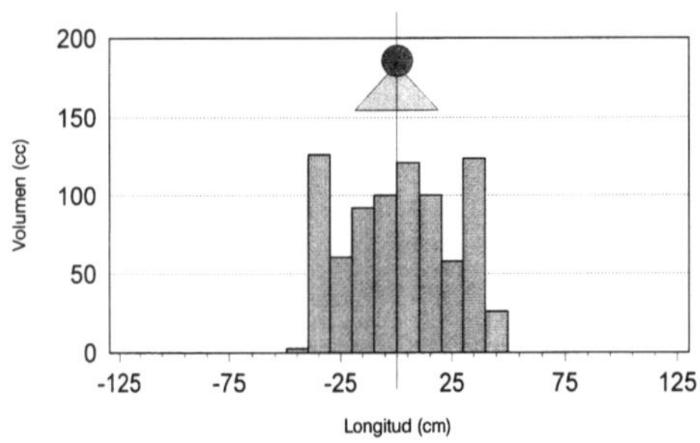

2 bar Altura: 50 cm Caudal: 1.31 l/min

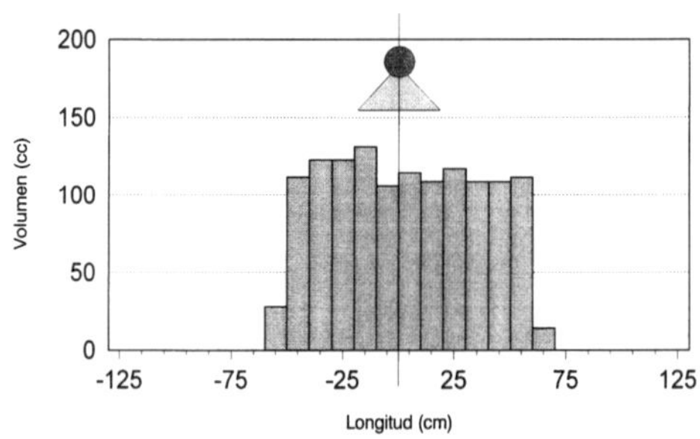

FIGURA 2. Distribuciones de caudal experimentales de algunas boquillas usadas con frecuencia en tratamientos herbicidas de olivar (Humanes, 1992).

A) BOQUILLAS DE CHORRO PLANO SIMÉTRICAS

ALBUZ APG 110 Amarilla

2 bar Altura: 50 cm Caudal: 0.47 l/min

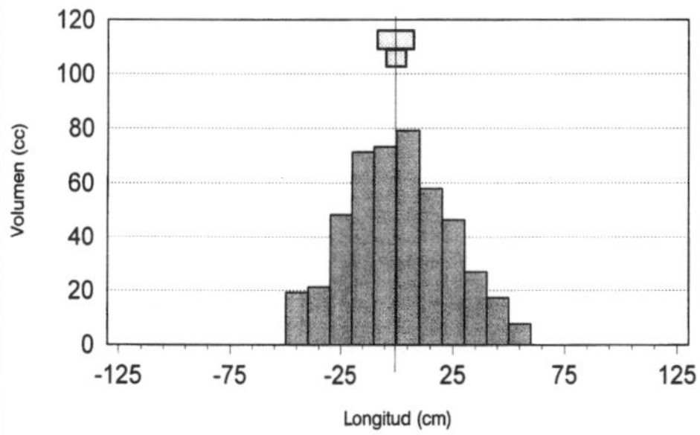

3 bar Altura: 50 cm Caudal: 0.56 l/min

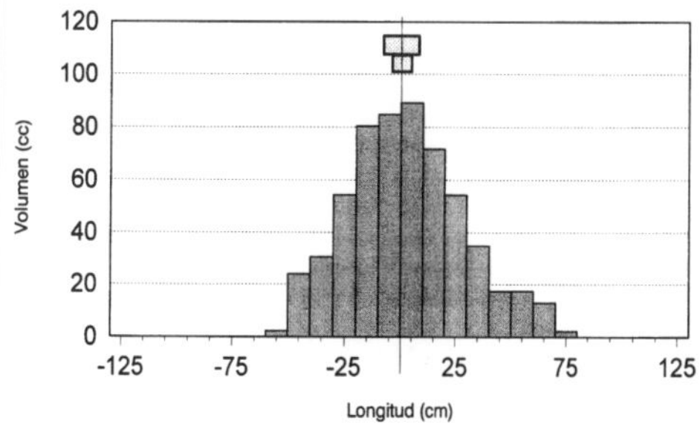

ALBUZ APG 110 Naranja

2 bar Altura: 50 cm Caudal: 0.73 l/min

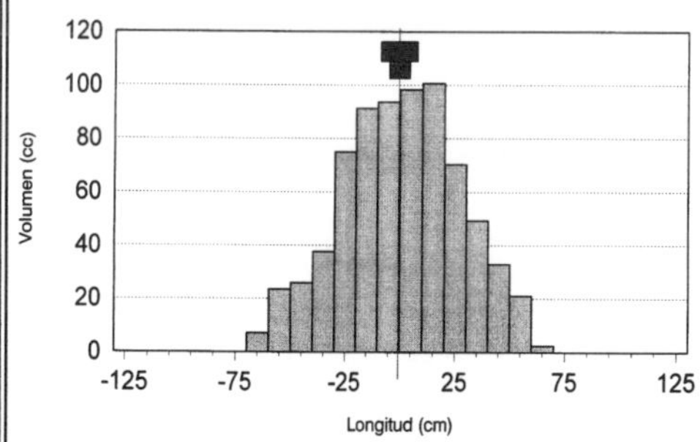

3 bar Altura: 50 cm Caudal: 0.88 l/min

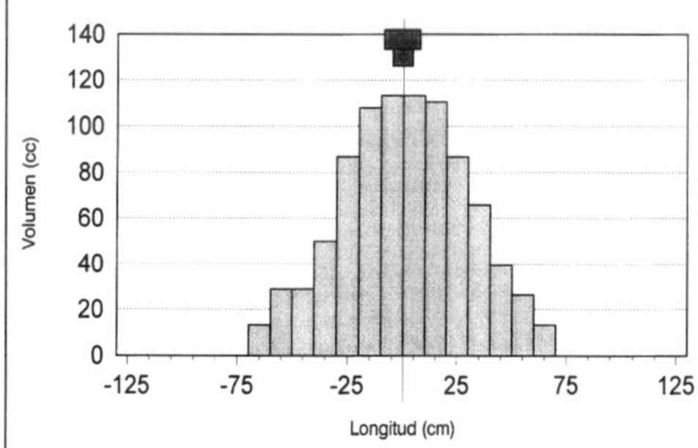

ALBUZ APG 110 Roja

2 bar Altura: 50 cm Caudal: 1.05 l/min

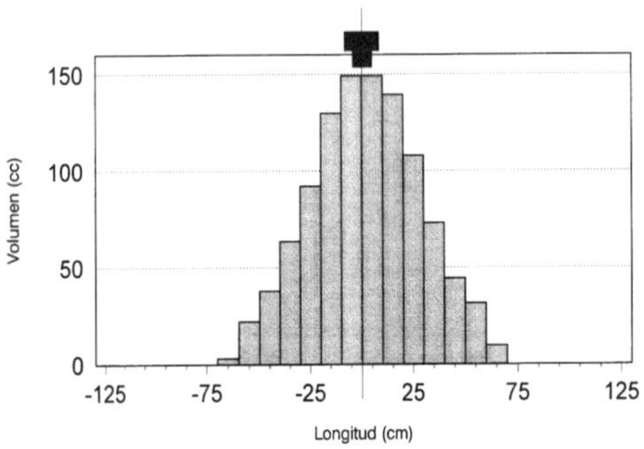

3 bar Altura: 50 cm Caudal: 1.26 l/min

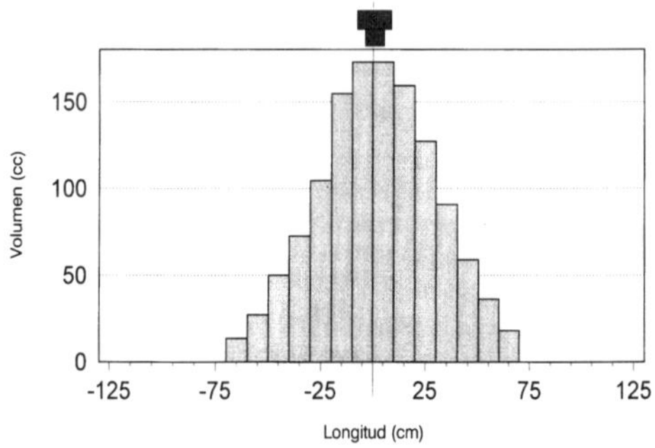

TEEJET 110 02

2 bar Altura: 50 cm Caudal: 0.61 l/min

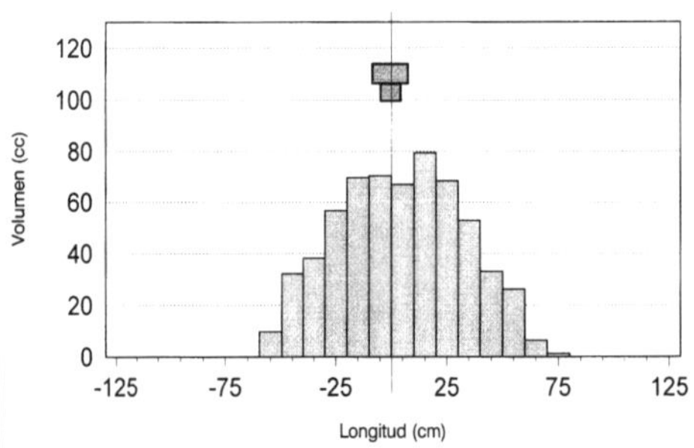

3 bar Altura: 50 cm Caudal: 0.73 l/min

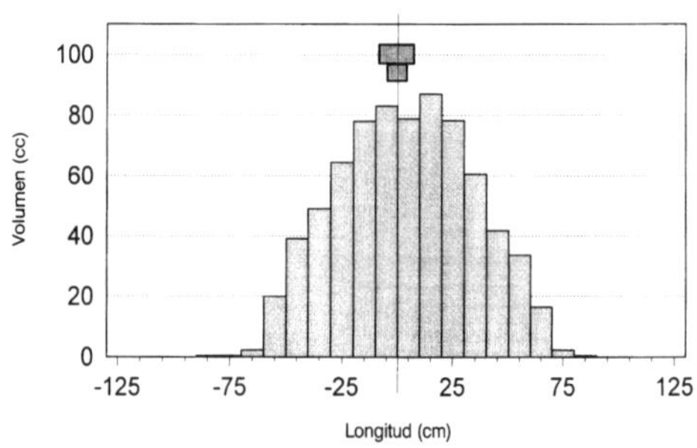

B) BOQUILLAS DE CHORRO PLANO EXCÉNTRICAS (ASIMÉTRICAS)

TEEJET OC-02

2 bar Altura: 50 cm Caudal: 0.6 l/min	3 bar Altura: 50 cm Caudal: 0.76 l/min
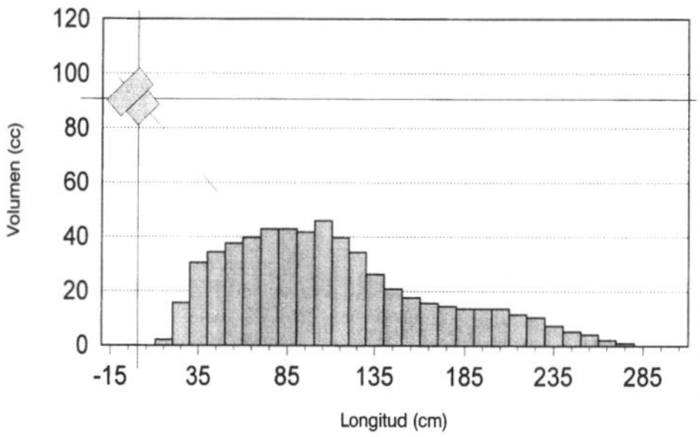	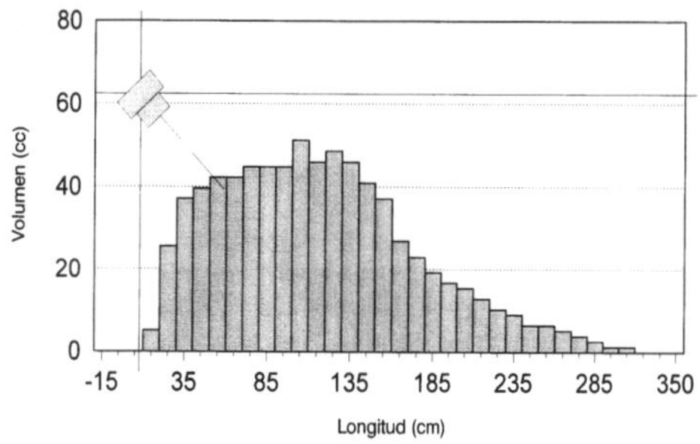

TEEJET OC-04

2 bar Altura: 50 cm Caudal: 1.14 l/min	3 bar Altura: 50 cm Caudal: 1.48 l/min
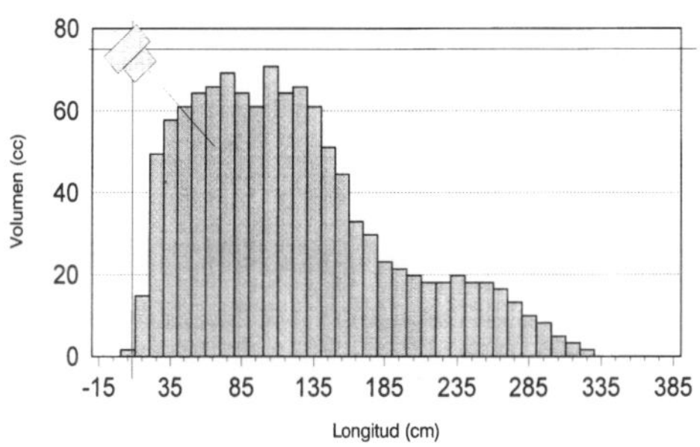	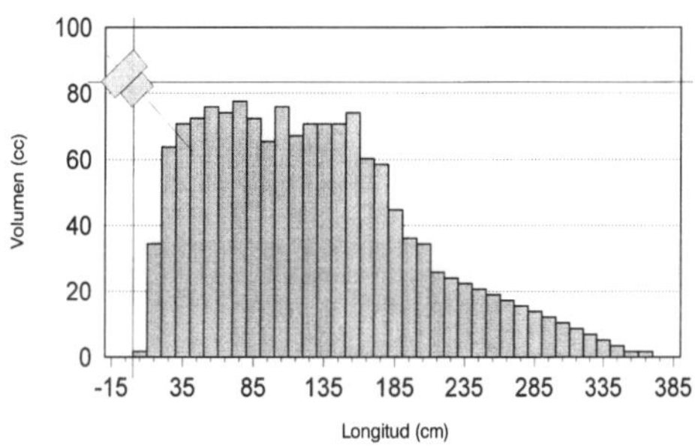

TEEJET OC-06

2 bar Altura: 50 cm Caudal: 1.75 l/min

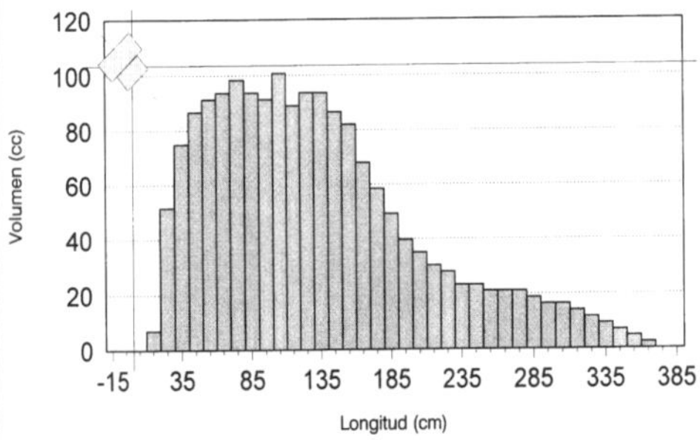

3 bar Altura: 50 cm Caudal: 2.25 l/min

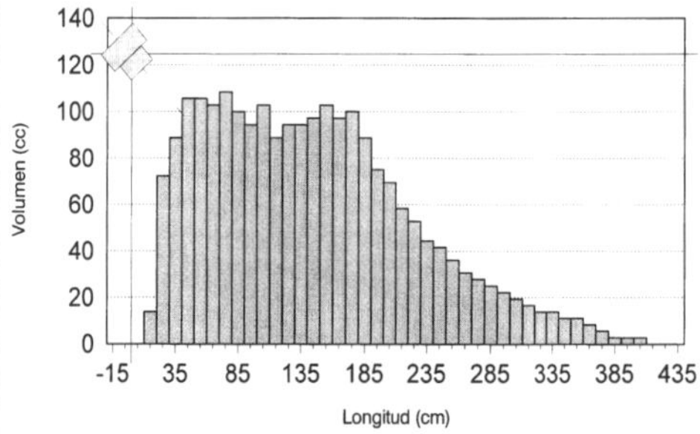

TEEJET OC-12

2 bar Altura: 50 cm Caudal: 3.54 l/min

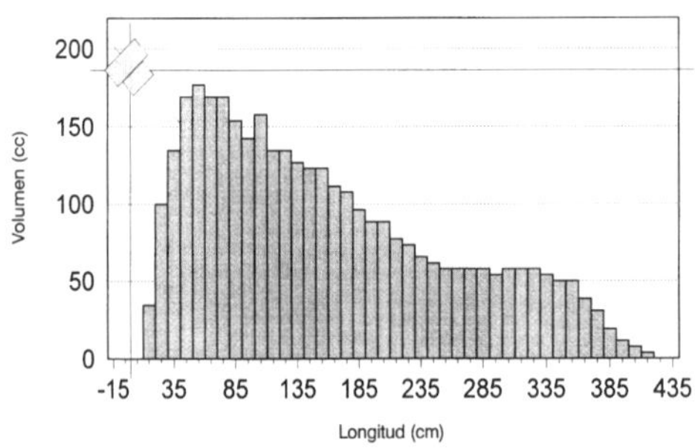

3 bar Altura: 50 cm Caudal: 4.55 l/min

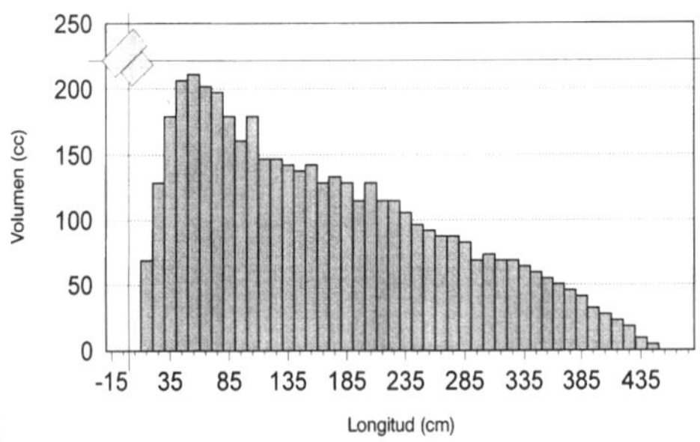

HARDI G-200

3 bar Altura: 50 cm Caudal: 1.69 l/min

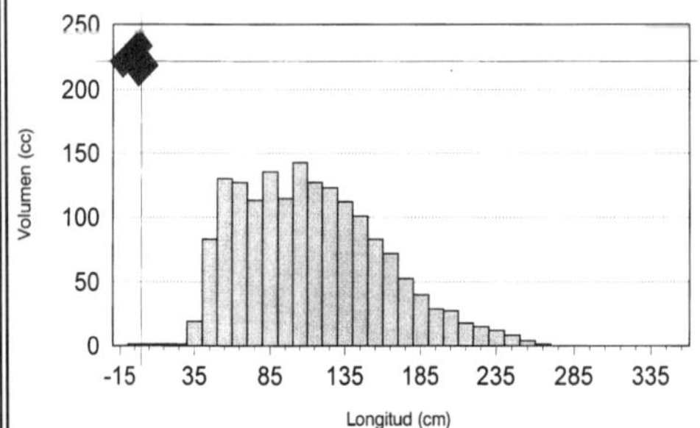

HARDI G-300

3 bar Altura: 50 cm Caudal: 3.65 l/min

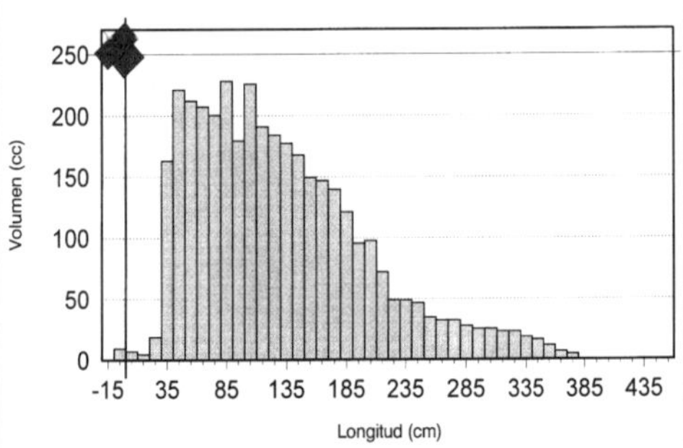

FIGURA 3. Distribuciones de caudal proporcionadas por la asociación de 5 boquillas simétricas.

Boquillas situadas a 50 cm de altura y equidistantes 50 cm.

ALBUZ APG 110 Amarilla equidistantes 50 cm

2 bar Altura: 50 cm	3 bar Altura: 50 cm
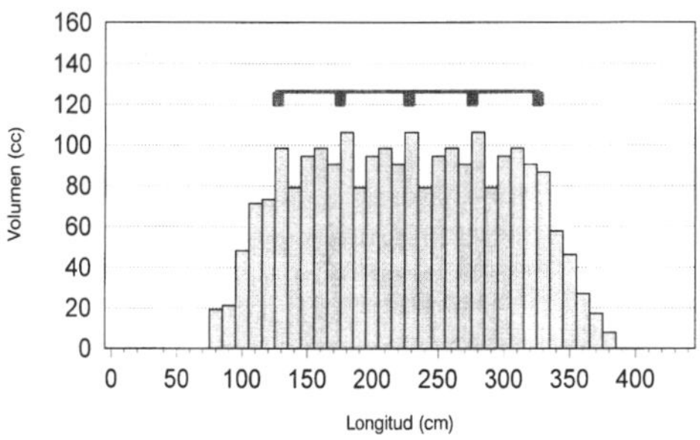	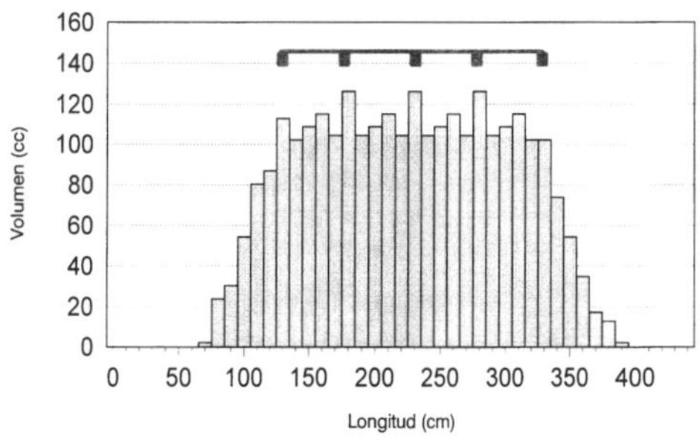

ALBUZ APG 110 Naranja equidistantes 50 cm

2 bar Altura: 50 cm	3 bar Altura: 50 cm
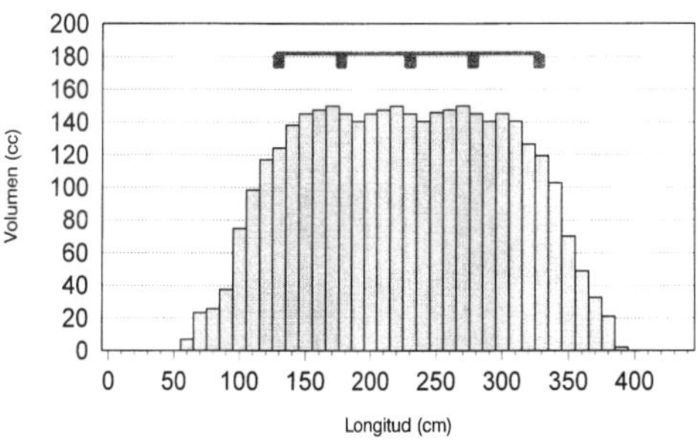	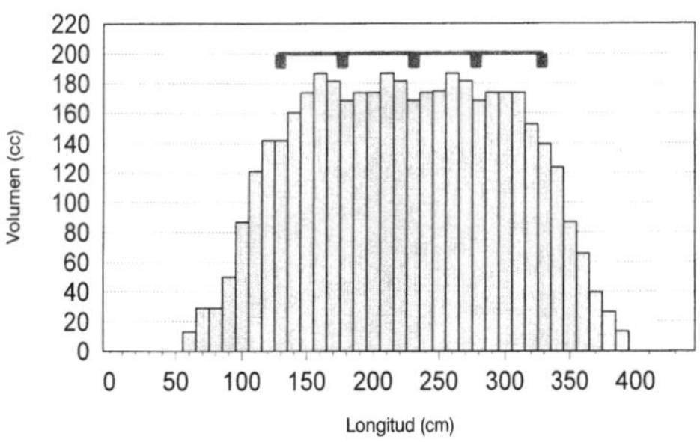

ALBUZ APG 110 Roja equidistantes 50 cm

2 bar Altura: 50 cm	3 bar Altura: 50 cm

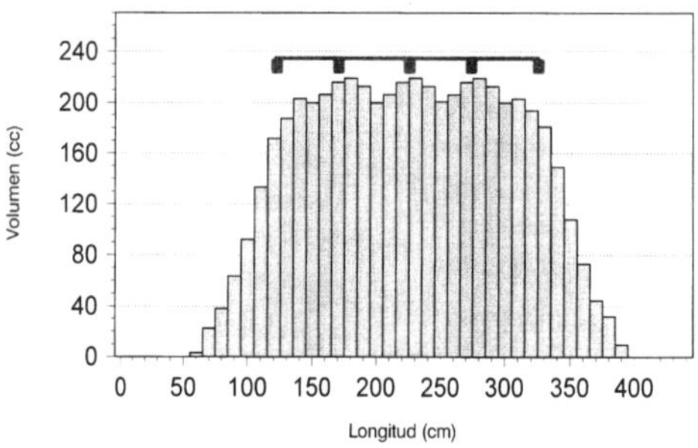

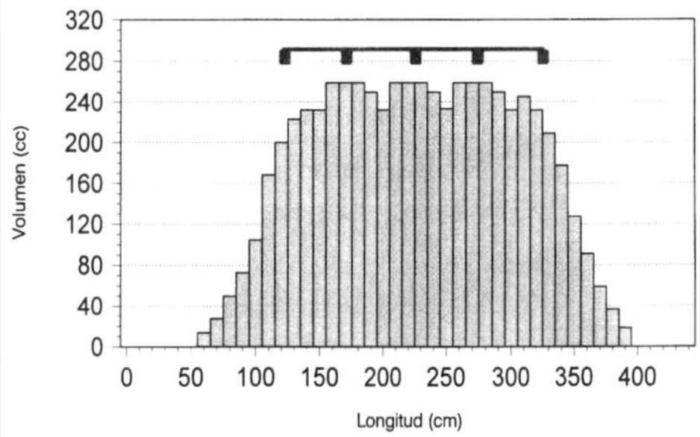

TEEJET 110 02 equidistantes 50 cm

2 bar Altura: 50 cm	3 bar Altura: 50 cm

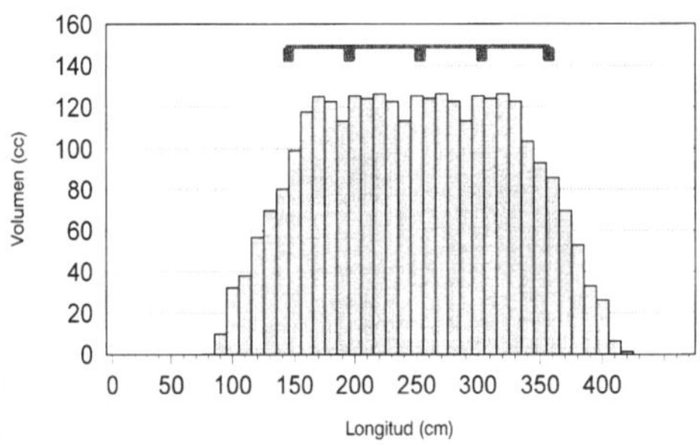

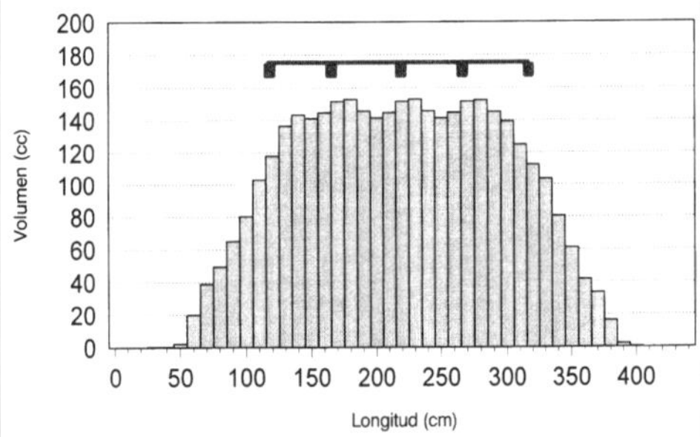

FIGURA 4. Distribuciones de caudal proporcionadas por la combinación de dos boquillas excéntricas de abanico plano superpuestas.

Boquillas situadas a una determinada altura, pulverizador a diferentes presiones para que la distribución resultante sea homogénea.

HARDI G-200

3 bar Altura: 30 cm

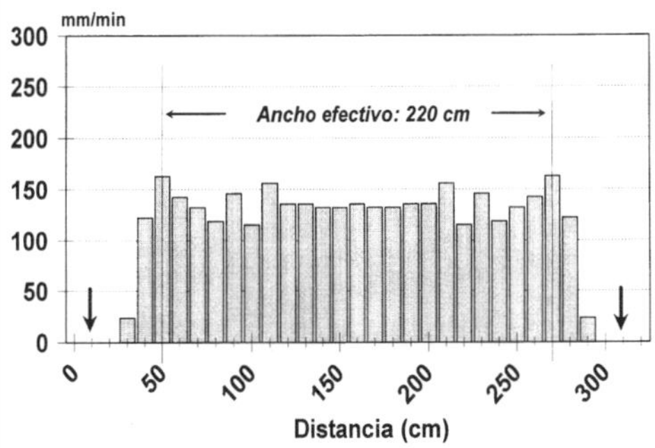

3 bar Altura: 50 cm

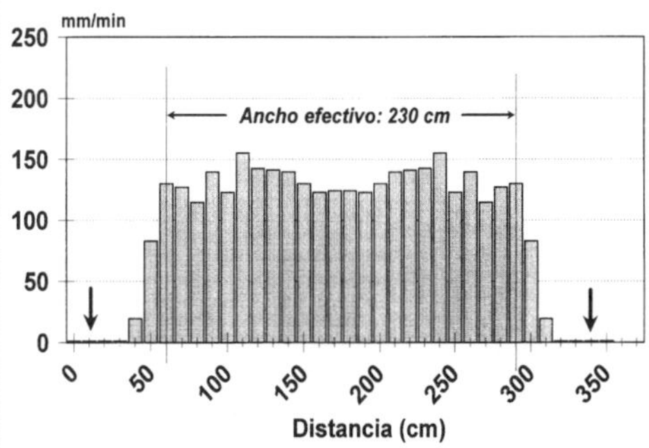

HARDI G-300

3 bar Altura: 50 cm

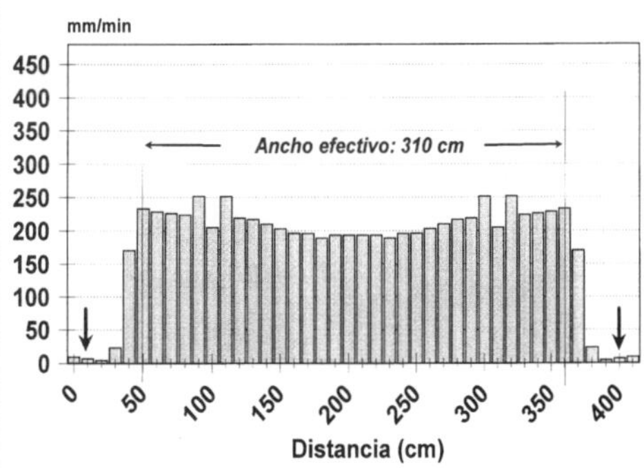

TEEJET OC-02

2 bar Altura: 50 cm

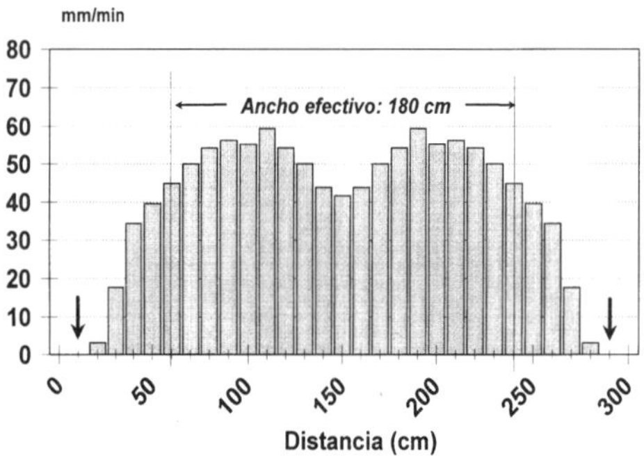

3 bar Altura: 50 cm

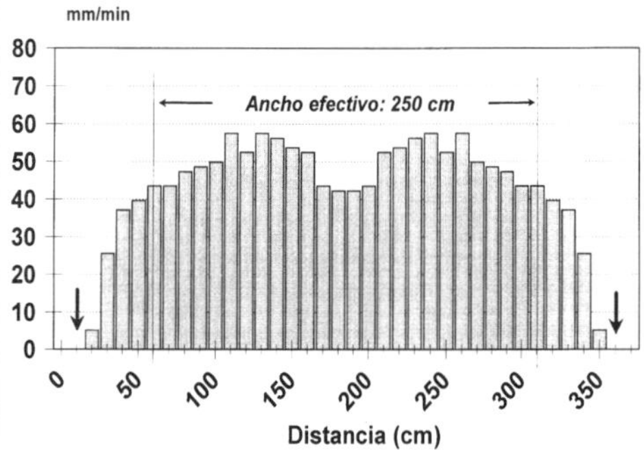

TEEJET OC-04

2 bar Altura: 50 cm

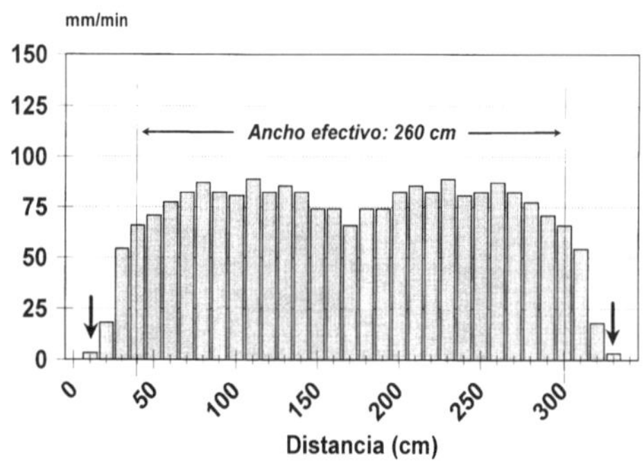

3 bar Altura: 50 cm

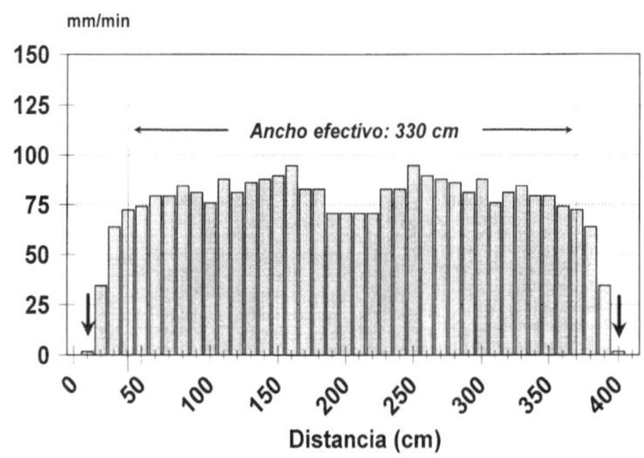

TEEJET OC-06

2 bar Altura: 50 cm

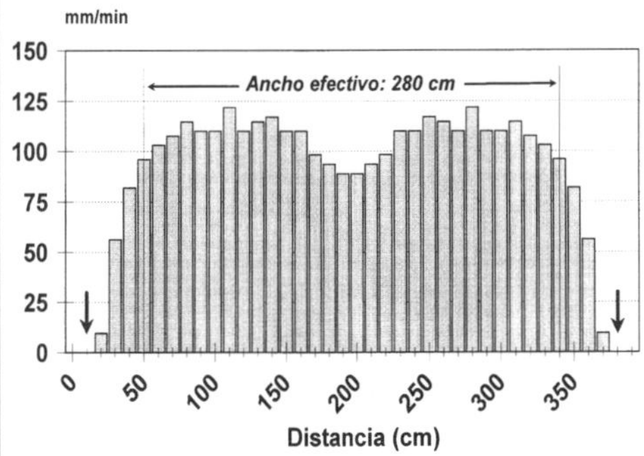

3 bar Altura: 50 cm

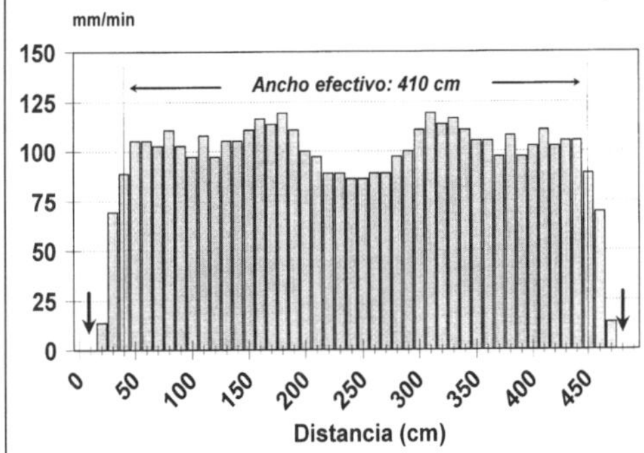

TEEJET OC-12

2 bar Altura: 50 cm

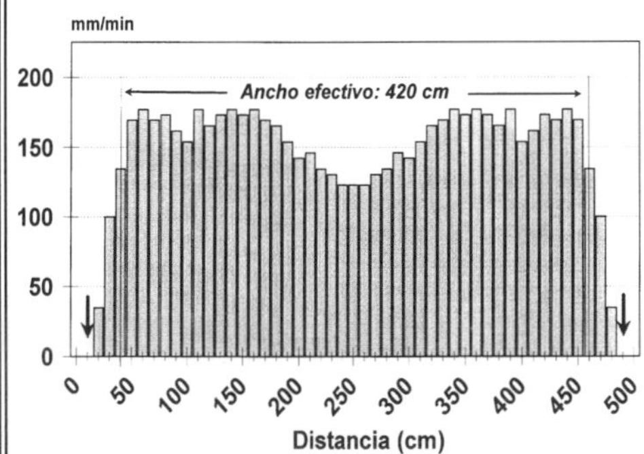

3 bar Altura: 50 cm

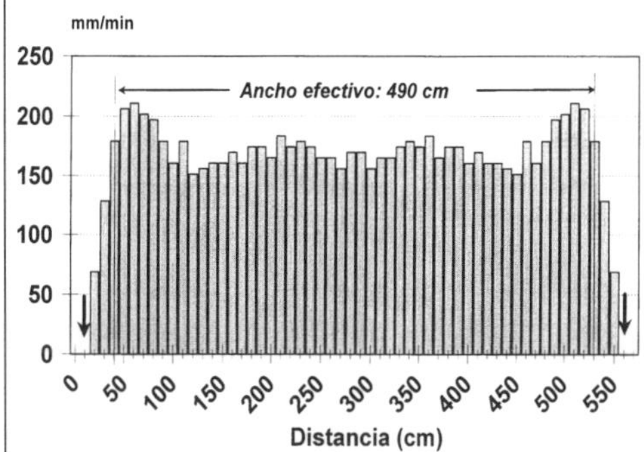

FIGURA 5. Distribuciones de caudal proporcionadas por la combinación de dos boquillas excéntricas, inadecuadas para la aplicación de hebicidas.

HARDI G-300

3 bar Altura: 30 cm

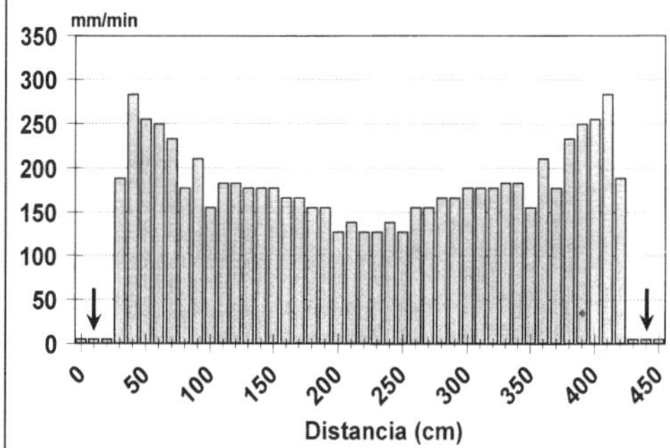

HARDI G-400

2 bar Altura: 30 cm

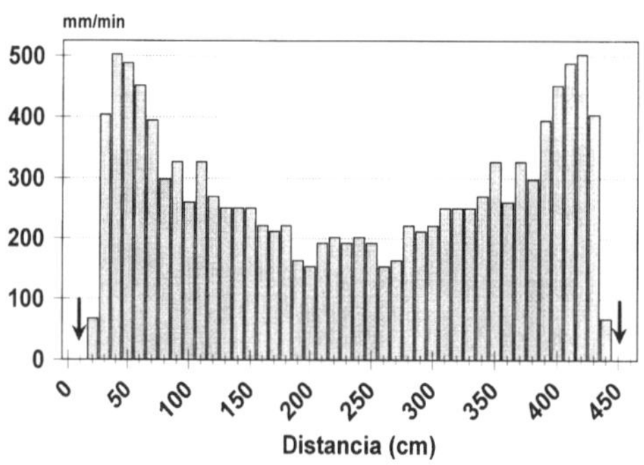

3 bar Altura: 30 cm

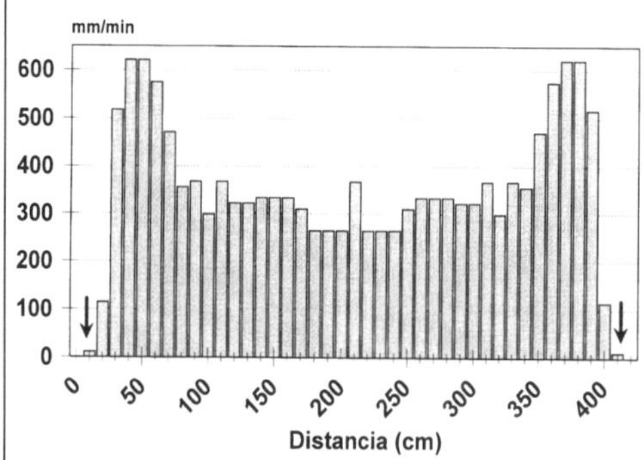

HARDI G-400

2 bar Altura: 50 cm

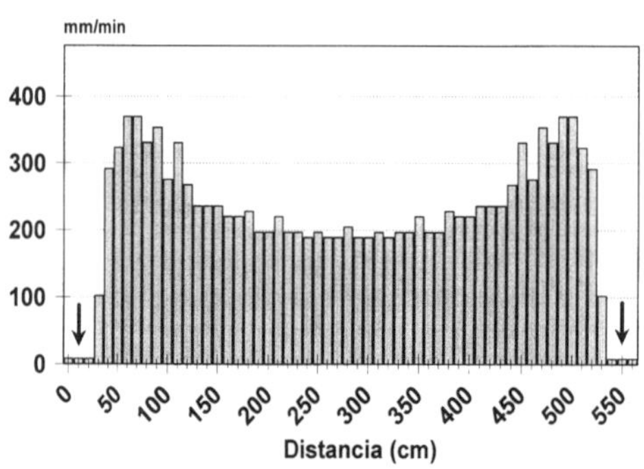

3 bar Altura: 50 cm

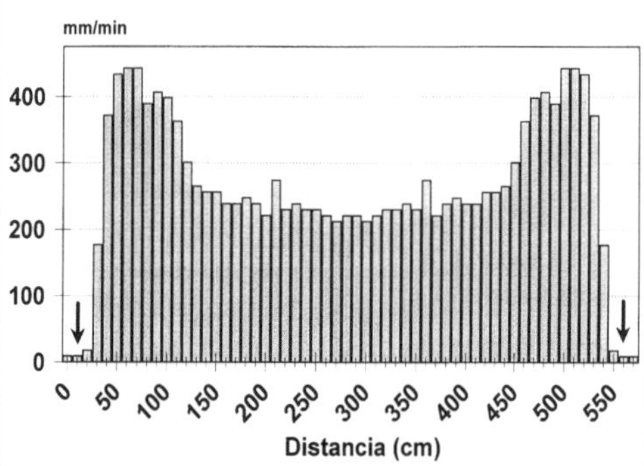

FIGURA 6. Distribución de caudales de diferentes composiciones de boquillas para barra de aplicación de herbicidas en olivar, obtenidos en banco de pruebas.

Se muestran la composición de 5 boquillas simétricas, distanciadas entre sí 50 cm, y una boquilla terminal situada a diferente distancia de la última boquilla simétrica, según se especifica.

BS: ALBUZ APG 110 Amarilla
BT: TEEJET OC-04 **Distancia BS-BT = 0 cm, 3 bar**

Distancia al árbol 140 cm	Distancia al árbol 180 cm
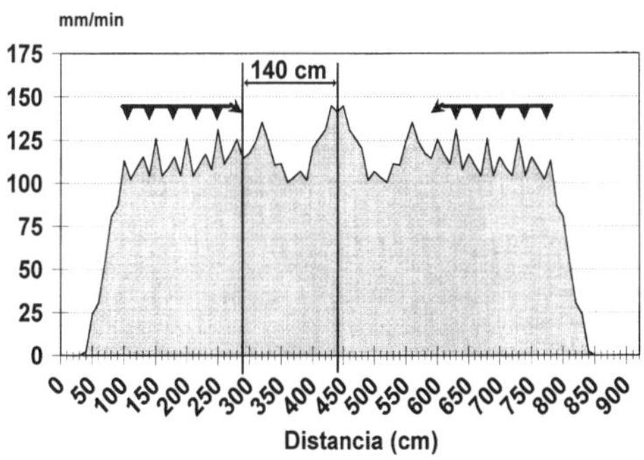	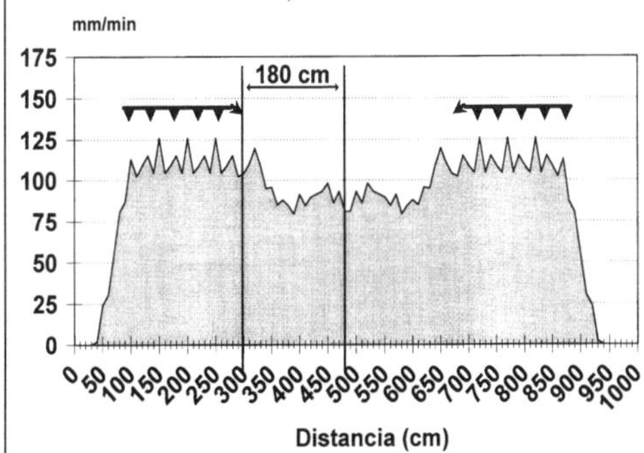

BS: ALBUZ APG 110 Amarilla
BT: TEEJET OC-06 **Distancia BS-BT = 0 cm, 3 bar**

Distancia al árbol 200 cm	Distancia al árbol 240 cm
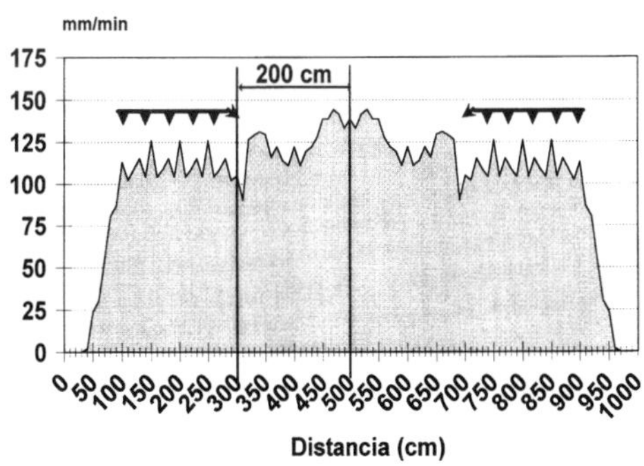	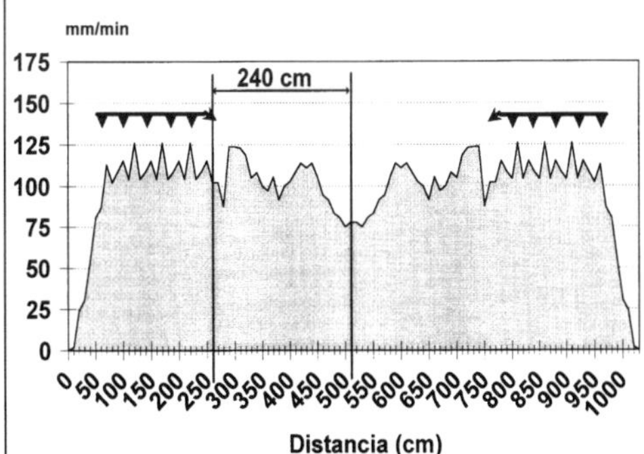

BS: TEEJET 11002
BT: TEEJET OC-04

Distancia BS-BT = 0 cm, 2 bar

Distancia al árbol 140 cm	Distancia al árbol 150 cm

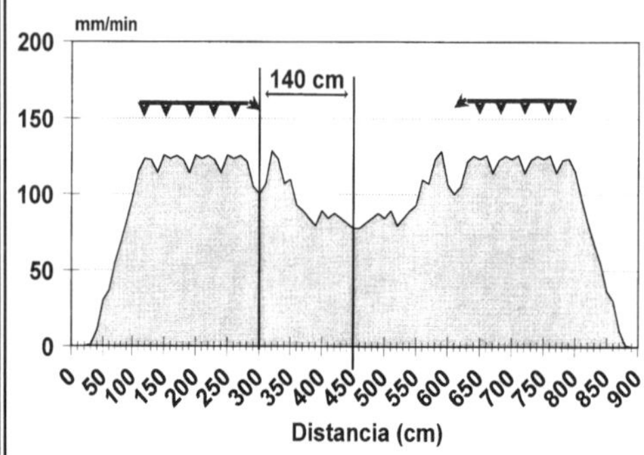

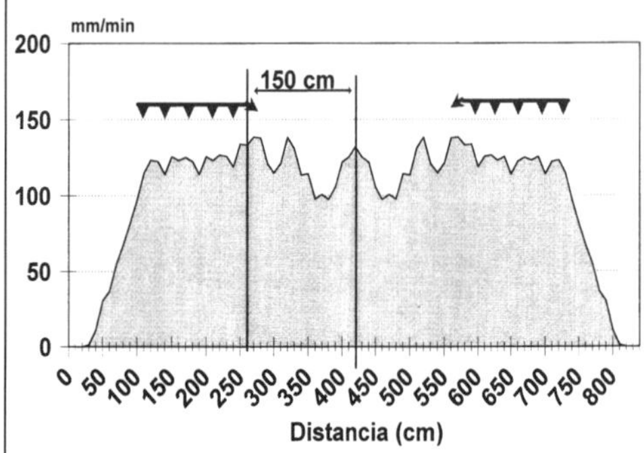

BS: TEEJET 11002
BT: TEEJET OC-06

Distancia BS-BT = 0 cm, 2 bar

Distancia al árbol 150 cm	Distancia al árbol 190 cm

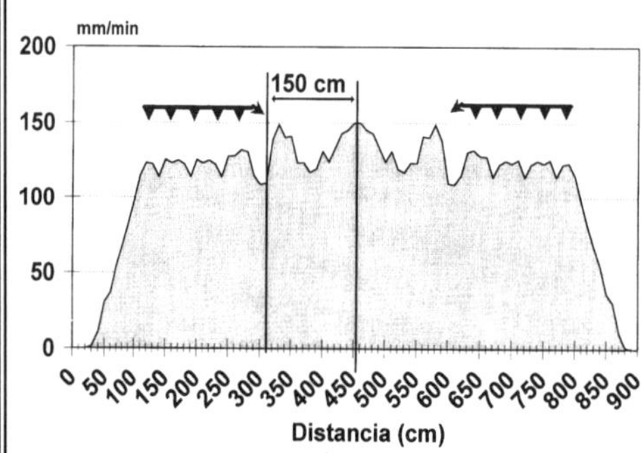

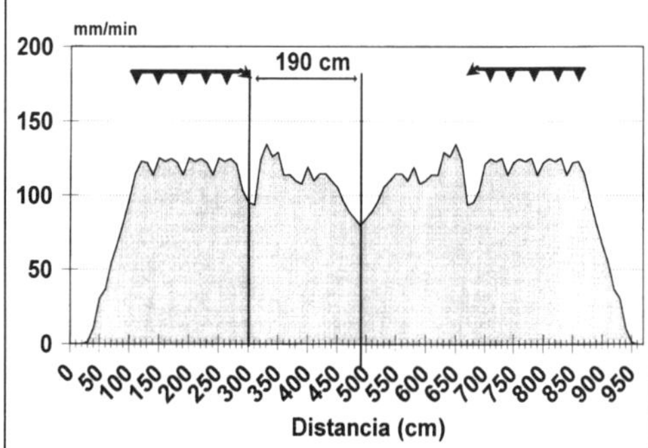

BS: TEEJET 11002
BT: TEEJET OC-06 — **Distancia BS-BT = 10 cm, 2 bar**

Distancia al árbol 160 cm

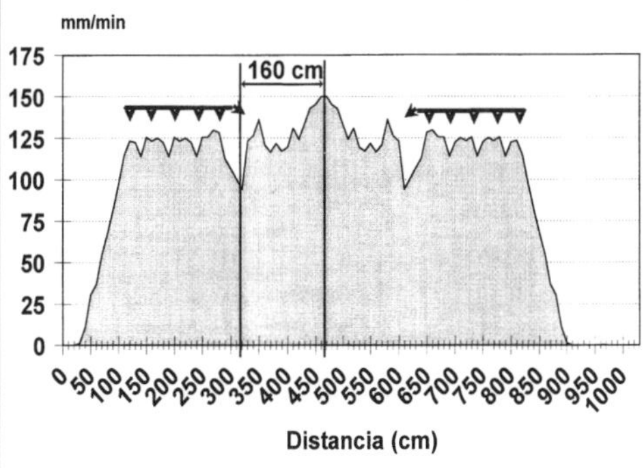

Distancia al árbol 200 cm

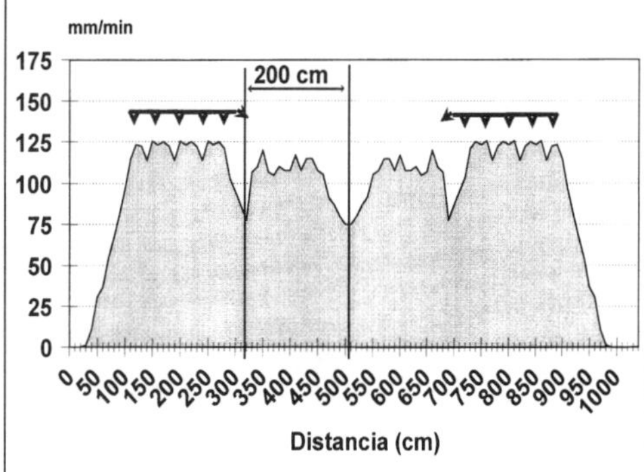

BT: TEEJET 11002
BT: TEEJET OC-06 — **Distancia BS-BT = 20 cm, 2 bar**

Distancia al árbol 190 cm

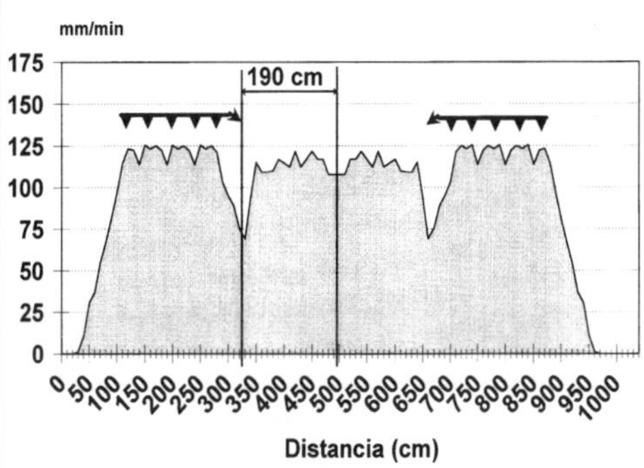

BS: TEEJET 11002
BT: TEEJET OC-06 | **Distancia BS-BT = 0 cm, 3 bar**

Distancia al árbol 190 cm	Distancia al árbol 220 cm

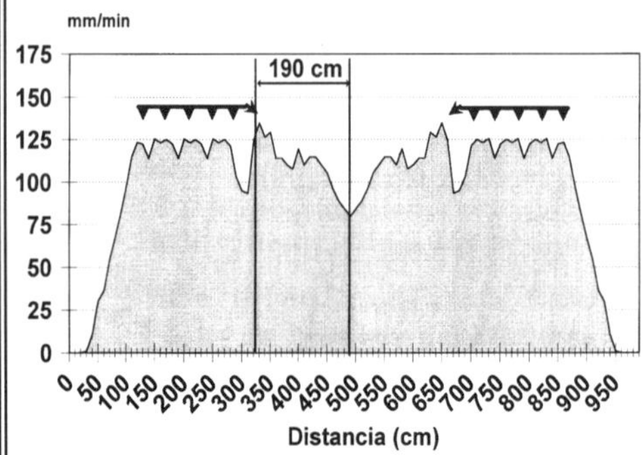

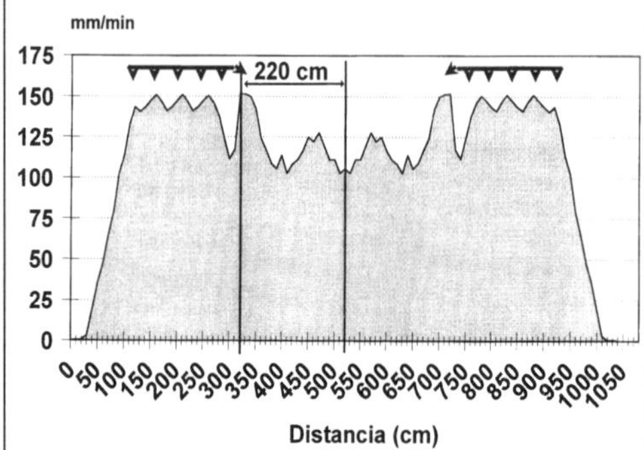

BS: ALBUZ APG 110 Roja
BT: TEEJET OC-12 | **Distancia BS-BT = 0 cm, 2 bar**

Distancia al árbol 170 cm	Distancia al árbol 220 cm

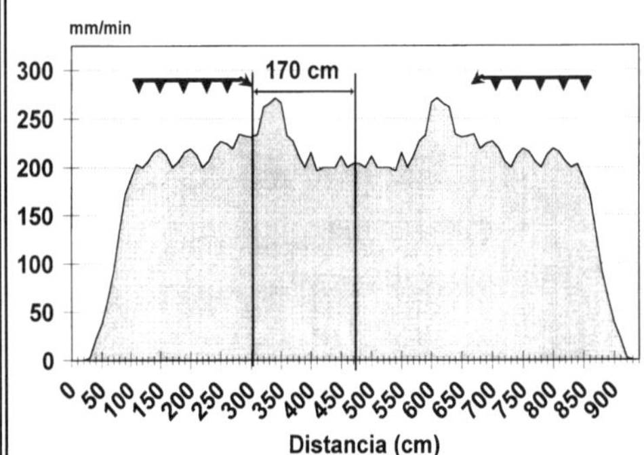

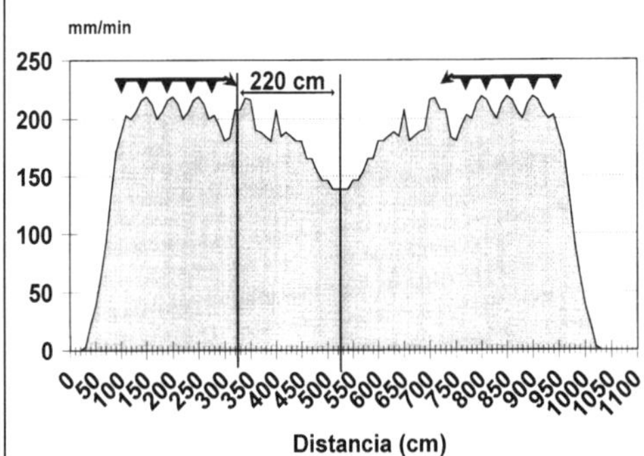

BS: ALBUZ APG 110 Roja
BT: TEEJET OC-12 **Distancia BS-BT = 10 cm, 2 bar**

Distancia al árbol 170 cm	Distancia al árbol 220 cm

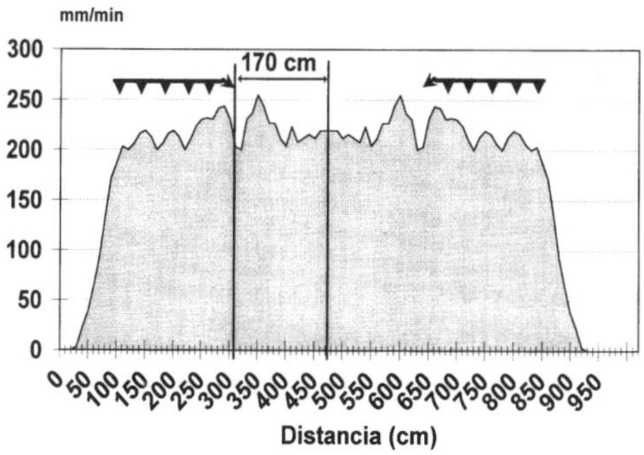

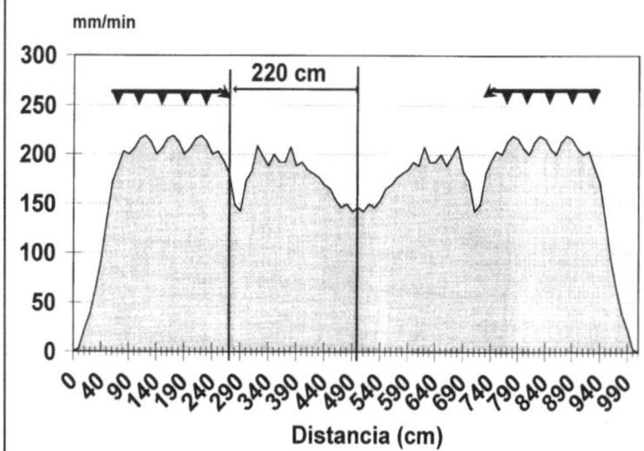

BS: ALBUZ APG 110 Roja
BT: TEEJET OC-12 **Distancia BS-BT = 0 cm, 3 bar**

Distancia al árbol 170 cm	Distancia al árbol 240 cm

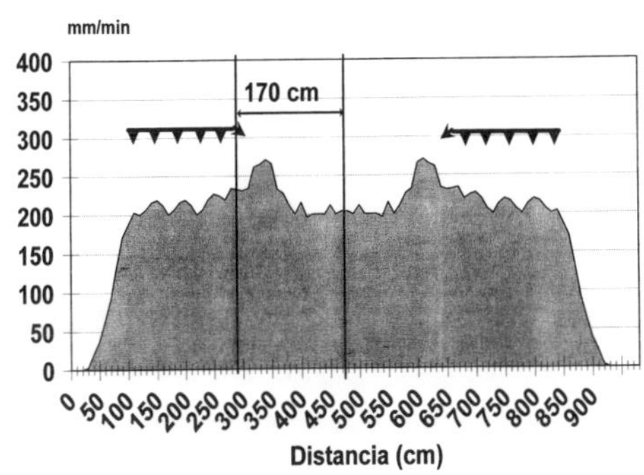

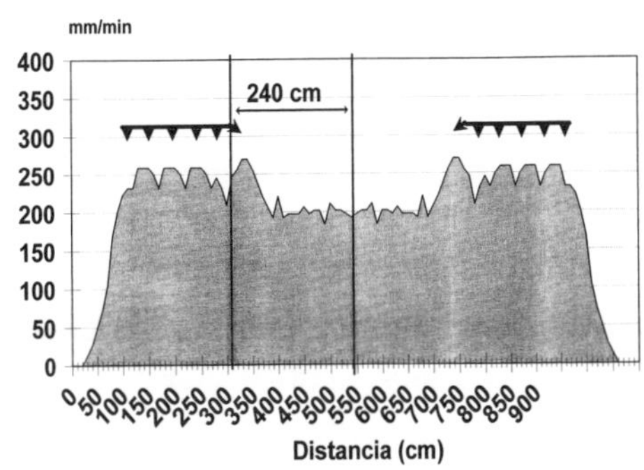

BS: APG 110 Roja
BT: TEEJET OC-12 — **Distancia BS-BT = 10 cm, 3 bar**

Distancia al árbol 190 cm	Distancia al árbol 230 cm

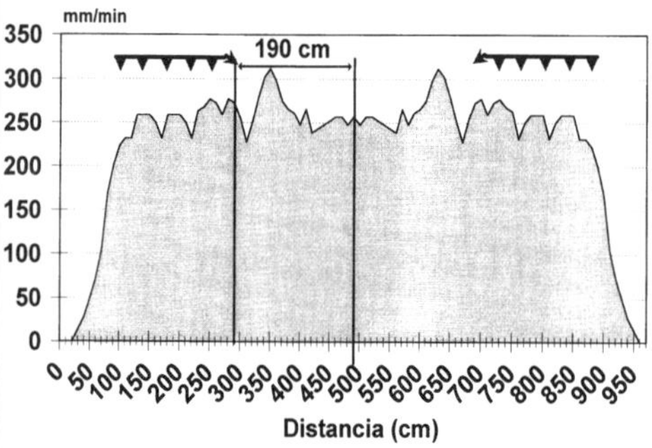

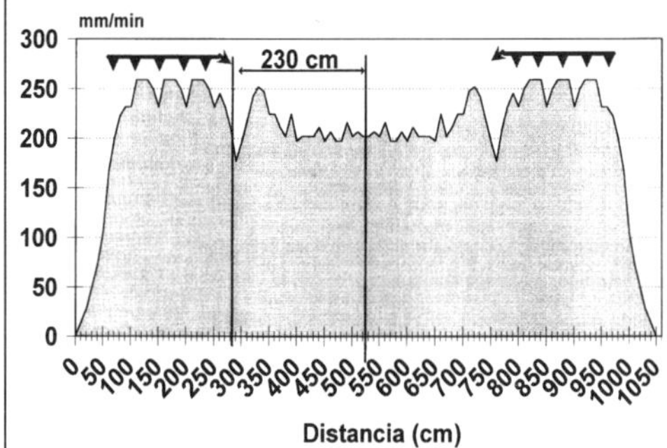

BS: APG 110 Roja
BT: TEEJET OC-12 — **Distancia BS-BT = 20 cm, 3 bar**

Distancia al árbol 180 cm	Distancia al árbol 220 cm

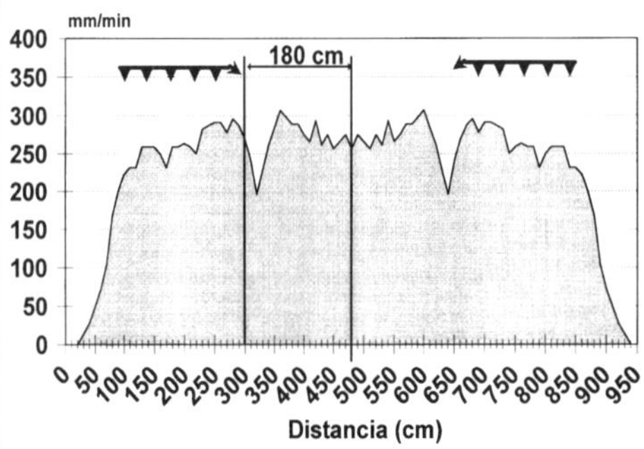

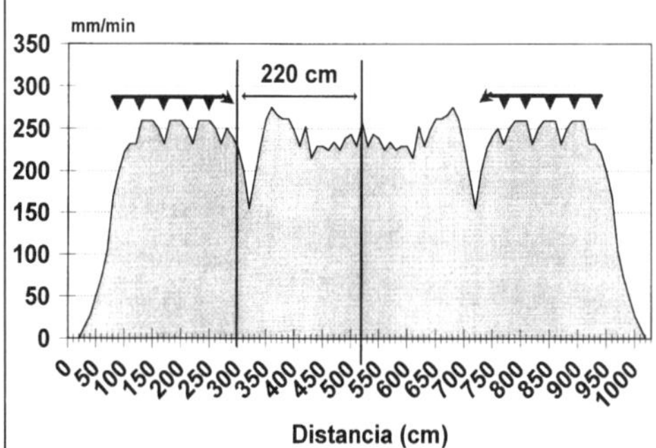

Capítulo 3

CASOS PRÁCTICOS FRECUENTES

PROBLEMA TIPO 1

APLICACIONES EN BANDAS ESTRECHAS

Caso práctico: aplicar sobre la línea de goteros o en la línea de plantación para plantones pequeños

Este problema se puede resolver utilizando una sola boquilla. Se emplearán preferentemente boquillas de gran ángulo y reparto uniforme que permitan aplicar a escasa altura y mojar una anchura suficiente de banda.

En la TABLA 10 se indican de forma general, para diferentes caudales, velocidades y anchura de tratamiento, la cantidad de caldo por hectárea realmente tratada. Con esta Tabla 10 determinamos el caudal que debe proporcionar la boquilla (l/min). Una vez determinado el caudal, con ayuda de la TABLA 2 (Capítulo 1) se pueden elegir las boquillas y presiones de trabajo que más se acomoden a las necesidades de nuestra aplicación, es decir, a la anchura de tratamiento deseada y un determinado volumen de caldo por hectárea, dentro de las posibilidades de modificar la velocidad de aplicación.

TABLA 10. Volúmenes de gasto por hectárea realmente tratada con boquillas de reparto uniforme a diferentes velocidades

VELOCIDAD Km/h	ANCHURA DE TRATAMIENTO cm	VOLUMEN DE CALDO POR HECTÁREA PARA DIFERENTES CAUDALES l/ha					
		CAUDALES (l/min)					
		0.25	0.50	0.75	1	1.25	1.5
3	50	100	200	300	400	500	600
	75	67	133	200	267	333	400
	100	50	100	150	200	250	300
4	50	75	150	225	300	375	450
	75	50	100	150	200	250	300
	100	37	75	112	150	153	191
5	50	60	120	180	240	300	360
	75	40	80	120	160	200	240
	100	30	60	90	120	150	180

$$\text{Volumen de Caldo (l)} = \frac{\text{Caudal (l/min)} \times 60000}{\text{Velocidad (km/h)} \times \text{Anchura de Franja (cm)}}$$

Por ejemplo, si se desea aplicar sobre una banda de 75 cm de anchura y la velocidad de nuestro equipo de trabajo es de 4 km/h (velocidad de un hombre andando a paso ligero) y el herbicida se debe aplicar con volúmenes de 200-300 l/ha, necesitaremos emplear boquillas cuyo caudal sea de 1 a 1,5 l/min. Con este dato, en la TABLA 2 (Capítulo 1) elegiremos la boquilla y presión de trabajo más adecuada. Entre las muchas posibilidades, podríamos utilizar una boquilla de abanico Hardi 4680-25E a 1 bar que proporcione un caudal de 1.24 l/min. La dosificación correcta se hará una vez elegida la boquilla, con el caudal exacto que tenga dicha boquilla a la presión de trabajo elegida, aplicando la fórmula anterior. A continuación, ajustaremos la altura de la boquilla para que el abanico cubra una banda de 75 cm. Si la altura resultara excesivamente grande puede deberse a que la presión sea baja o el ángulo de apertura del abanico pequeño, en cuyo caso se aumentará la presión o se buscará otra boquilla que reúna las características deseadas, y se volverá a calcular el volumen de caldo. También puede suceder que la altura sea demasiado pequeña, y entonces se hará lo contrario.

En cualquier caso, antes de realizar la aplicación se debe hacer una prueba con agua hasta ajustar todas las variables: altura de la boquilla, presión, velocidad de avance, anchura de tratamiento y volumen de caldo aplicado.

PROBLEMA TIPO 2

BARRA DE APLICACIÓN DE HERBICIDAS PARA CALLES ESTRECHAS, EN UNA SOLA PASADA

Caso práctico: aplicar a toda la superficie siendo las calles de 7 m

Un problema habitual es preparar una barra para aplicar herbicidas en plantaciones intensivas, donde la distancia entre olivos es en la mayoría de los casos 7 metros.

Con una barra completa que combine boquillas simétricas en el centro de la barra y excéntricas en los extremos se podrá aplicar a toda la superficie. Para tratar solamente en los centros de las calles se suprimirán las de los extremos de la barra y para tratar solamente sobre las líneas de plantación se eliminarán las boquillas situadas en el centro de la barra. En las FIGURAS 11 y 12 (Capítulo 2) se puede ver una representación gráfica de estos casos.

Entre las soluciones aportadas por Humanes (1992), recogidas en la TABLA 9. hemos elegido aquellas que emplean la misma presión y, a partir de estas combinaciones de boquillas, se han representado las distintas posibilidades en la FIGURA 16.

En la TABLA 11 se han calculado para cada una de estas combinaciones de boquillas los volúmenes de caldo gastados a diferentes velocidades según el número de puntas simétricas empleadas. Entre las posibles soluciones, para elegir la más adecuada, se debe tener en cuenta que:

FIGURA 16
Representación de las combinaciones de boquillas para aplicación de herbicidas en calles de 7 m de anchura

Presión bar	Distancia BS-BTe cm	N° Boquillas simétricas	REPRESENTACION	Distancia al árbol cm	Longitud de barra m	
3	0	9	ALBUZ APG 110 Amarilla - TEEJET OC-04	150	4.0	Optimo
		8		175	3.5	
3	0	7	ALBUZ APG 110 Amarilla - TEEJET OC-06	200	3.0	
		6		225	2.5	Optimo
2	0	10	TEEJET 110-02 - TEEJET OC-04	125	4.5	Optimo 140
		9		150	4.0	
2	0	9	TEEJET 110-02 - TEEJET OC-06	150	4.0	
		8		175	3.5	Optimo
2	10	8	TEEJET 110-02 - TEEJET OC-06	165	3.7	Optimo 180
		7		190	3.2	
2	20	8	TEEJET 110-02 - TEEJET OC-06	155	3.9	No es buena solución
		7		180	3.4	No es buena solución
3	0	7	TEEJET 110-02 - TEEJET OC-06	200	3.0	Optimo 190
		6		250	2.5	
2	0	8	ALBUZ APG 110 Roja - TEEJET OC-06	175	3.5	Optimo
		7		200	3.0	
		6		225	2.5	
2	10	8	ALBUZ APG 110 Roja - TEEJET OC-12	165	3.7	Optimo 180
		7		190	3.2	
3	0	8	ALBUZ APG 110 Roja - TEEJET OC-12	175	3.5	Optimo
		7		200	3.0	
		6		225	2.5	
3	10	7	ALBUZ APG 110 Roja - TEEJET OC-12	190	3.2	Optimo
		6		215	2.7	
3	20	7	ALBUZ APG 110 Roja - TEEJET OC-12	180	3.4	Optimo
		6		205	2.9	Optimo

BS = Boquilla Simétrica

Bte = Boquilla Terminal excéntrica (asimétrica)

- Si el terreno es muy irregular es preferible dar dos pasadas con una barra de la mitad de longitud, porque los vaivenes pueden dar lugar a falta de homogeneidad en los repartos de producto. Es muy aconsejable alisar la zona de rodadura del tractor.

- Cuando se aplican herbicidas de absorción foliar y traslocación, con bajos volúmenes de caldo, es preferible aplicar con boquillas terminales de menor alcance, lo que implica barras más largas, incluso utilizando protectores antideriva en el extremo, para evitar posibles daños al árbol.

- Es muy importante que la velocidad de tratamiento sea aquella en la que el tractorista aplicador se sienta seguro y muy cómodo, para que le permita vigilar y regular las condiciones de aplicación, cortar la pulverización a tiempo cuando tenga que hacer maniobras, vigilar boquillas y posibles atascos, y evitar cualquier tipo de accidente.

La barra que se diseñe debe ser versátil, es decir, que pueda utilizarse para distintos tipos de tratamiento herbicida. Los extremos de la barra deben ser plegables, para facilitar el transporte, y retráctiles, para evitar accidentes en un posible choque con un tronco o una piedra. Se aconseja también que el extremo sea extensible, para que permita diferentes combinaciones de aplicaciones: a toda la superficie, al centro de la calle, a las líneas y todo con diferentes anchuras.

Es obvio, que esta solución expuesta para el caso particular de anchura de calle de 7 m se adapta a otros casos similares, como es el de una anchura de calle de 8 m. El problema se reduce a incrementar en 2 el número de boquillas simétricas, es decir, diseñar una barra con 1 m más, con 1 boquilla más por cada 0.5 m de anchura de calle (o a la inversa si se trata de calles más estrechas).

Cuando las calles exceden de 8 m suele ser más conveniente hacer la aplicación a toda la superficie en 2 pasadas, porque en las condiciones normales de los olivares es muy difícil mantener horizontal una barra demasiado larga.

En el caso de marcos intermedios, que no sean múltiplos de 0.5 m, debe estudiarse la solución óptima, a partir de la TABLA 11, pues en algunos casos la uniformidad de la aplicación puede verse afectada por variaciones en las distancias de 20 o 30 cm. Todo ello, unido a las variaciones en campo de la propia aplicación, daría lugar a una acumulación de errores que se traduciría en malos resultados de la eficacia de los herbicidas, y por tanto un gasto de dinero inútil o incluso contraproducente.

TABLA 11. Volúmenes de caldo por hectárea en aplicaciones a toda la superficie con calles de 7 m

COMBINACIÓN DE BOQUILLAS SIMÉTRICAS Y TERMINALES	PRESIÓN bar	DISTANCIA BS-BTe cm	DISTANCIA ÓPTIMA BARRA-ÁRBOL cm (1)	DISTANCIA BARRA-ÁRBOL cm (2)	Nº BOQUILLAS SIMÉTRICAS	CAUDAL TOTAL l/min	VOLUMENES DE CALDO POR HECTÁREA l/ha				
VELOCIDAD km/h							3	4	5	6	7
TIEMPO EMPLEADO EN RECORRER 1000 m (min)							20	15	12	10	8.57
TIEMPO EMPLEADO EN TRATAR 1 HECTÁREA (min)							28,5	21.4	17.1	14.3	12.2
APG 110 Amarilla TEEJET OC-04	3	0	150	175	8	8.04	230	172	138	115	98
				150	9	8.65	247	185	148	123	106
APG 110 Amarilla TEEJET OC-06	3	0	220	225	6	8.4	240	180	140	120	103
				200	7	9.01	257	195	154	128	110
TEEJET 110-02 TEEJET OC-04	2	0	140	150	9	8.34	238	179	143	119	102
				125	10	8.98	256	192	154	128	110
TEEJET 110-02 TEEJET OC-06	2	0	170	175	8	8.98	256	192	154	128	110
				150	9	9.62	275	206	165	137	118
		10	180	190	7	8,34	238	179	143	119	102
				165	8	8.98	256	192	153	128	110
	3	0	190	225	6	9.48	270	203	162	135	116
				200	7	10.27	293	220	176	147	126
APG 110 Roja TEEJET OC-12	2	0	170	225	6	13.68	391	293	234	195	167
				200	7	14.67	419	314	252	210	179
				175	8	15.66	447	335	268	224	191
		10	180	190	7	14.67	419	314	252	210	179
				165	8	15.66	447	335	268	224	191
	3	0	170-180	225	6	16.74	478	359	287	239	205
				200	7	17,95	512	385	308	256	220
				175	8	19.6	547	410	328	273	234
		10	180-190	215	6	16.74	478	359	287	239	205
				190	7	17.95	512	385	308	256	220
		20	180-200	205	6	16.74	478	359	287	239	205
				180	7	17.95	512	385	308	256	220

BS = boquilla simétrica
BTe = boquilla terminal excentrica

PROBLEMA TIPO 3

BARRA DE APLICACIÓN DE HERBICIDAS PARA CALLES ANCHAS, EN DOS PASADAS

Caso práctico: para calles de 10 m y 10.5 m

Cuando hay necesidad de aplicar herbicidas en calles demasiado anchas la aplicación en una sola pasada resulta difícil y es más conveniente hacerlo en dos pasadas, primero a un lado de la calle y posteriormente al otro. En esta situación caben dos posibilidades: que el marco de plantación sea totalmente regular o que no lo sea.

- En el primer caso, con marco totalmente regular, el problema se reduce a partir por la mitad la barra diseñada para resolver el PROBLEMA TIPO 2, teniendo en cuenta la anchura a cubrir. Así resultaría una barra asimétrica con boquilla excéntrica en uno de los extremos (FIGURA 11, arriba).

- En el caso de que haya ligeras diferencias en el marco, puede ser más conveniente recurrir a una barra corta pero con boquillas excéntricas en los dos extremos. De esta forma, la dificultad de solapar la pulverización en el centro de la calle se reduce, aunque no sea óptima (FIGURA 11, abajo).

Marco regular:

En la TABLA 12 se indican las combinaciones de boquillas adecuadas para realizar aplicaciones en dos pasadas, así como las condiciones de aplicación y los volúmenes de caldo. Se han expresado las combinaciones para calles de 10 y 10.5 m, como ejemplo del que se podrán deducir con sencillos cálculos las soluciones para otras anchuras de calle que requieran tratamiento en dos pasadas.

Marco ligeramente irregular:

Es el caso más frecuente en las plantaciones de olivar adulto. En este caso puede ser muy interesante montar una barra corta con dos boquillas asimétricas en los extremos y algunas boquillas simétricas. No se deben montar solamente boquillas asimétricas sin comprobar previamente la homogeneidad de la distribución. En el caso de montarlas con una sola boquilla simétrica entre las dos boquillas excéntricas, también es conveniente hacer esa comprobación de homogeneidad en el reparto del caldo.

Las combinaciones de boquillas se pueden obtener de las TABLAS 11 ó 12, realizando unos sencillos cálculos.

TABLA 12. Volúmenes de caldo por hectárea en aplicaciones a toda la superficie en dos pasadas para calles de 10 y 10.5 m

							VOLÚMENES DE CALDO POR HECTÁREA l/ha				
VELOCIDAD km/h							3	4	5	6	7
TIEMPO EMPLEADO EN RECORRER 1000 m (min)							20	15	12	10	8.57
TIEMPO EMPLEADO EN TRATAR 1 HECTÁREA CON CALLES DE 10 m (min)							40	30	24	20	17.14
TIEMPO EMPLEADO EN TRATAR 1 HECTÁREA CON CALLES DE 10.5 m (min)							38.1	28.6	22.9	19.0	16.3
COMBINACIÓN DE BOQUILLAS SIMÉTRICAS Y TERMINALES	PRESIÓN bar	DISTANCIA BS-BTe cm	DISTANCIA ÓPTIMA BARRA-ÁRBOL cm (1)	DISTANCIA BARRA-ÁRBOL cm (2)	Nº BOQUILLAS SIMÉTRICAS Y (ANCHURA DE CALLE) (m)	CAUDAL TOTAL l/min					
APG 110 Amarilla	3	0	150	175	7 (10)	5.45	218	164	131	109	93
TEEJET OC-04				150	8 (10.5)	6.06	231	173	139	115	99
APG 110 Amarilla	3	0	220	225	5 (10)	5.42	217	163	130	108	93
TEEJET OC-06				200	6 (10.5)	6.03	230	172	138	115	98
TEEJET 110-02	2	0	140	150	8 (10.5)	6.41	244	183	147	122	104
TEEJET OC-04				125	9 (10)	7.05	282	212	169	141	121
TEEJET 110-02	2	0	170	175	7 (10)	6.41	256	192	154	128	110
TEEJET OC-06				150	8 (10.5)	7.05	269	202	161	134	115
		10	180	190	6 (10.5)	5.77	220	165	132	110	94
				165	7 (10)	6.41	256	192	154	128	110
	3	0	190	225	5 (10)	6.32	253	190	152	126	108
				200	6 (10.5)	7.11	271	203	163	135	116
APG 110 Roja	2	0	170	225	5 (10)	8.82	353	265	212	176	151
TEEJET OC-12				200	6 (10.5)	9.81	374	281	225	187	160
				175	7 (10)	10.8	432	324	259	216	185
		10	180	190	6 (10.5)	9.81	374	281	225	187	160
				165	7 (10)	10.8	432	324	259	216	185
	3	0	170-180	225	5 (10)	10.79	432	324	259	216	185
				200	6 (10.5)	12.0	457	343	275	229	196
				175	7 (10)	13.21	528	396	317	264	226
		10	180-190	215	5 (10)	10.79	432	324	259	216	185
				190	6 (10.5)	12.0	457	343	275	229	196
		20	190-210	205	5 (10)	10.79	432	324	259	216	185
				180	6 (10.5)	12.0	457	343	275	229	196

BS = boquilla simétrica
BTe = boquilla excéntrica terminal

Ejemplo:

Si se aplica a 3 bar de presión, con boquillas simétricas Albuz APG 110 Roja y boquillas terminales Teejet OC-12 y con 0 cm de distancia entre la última boquilla simétrica y la excéntrica.

Para tratar en dos pasadas calles de 10 m podemos utilizar una barra de sólo 1.5 m de larga, con 3 boquillas simétricas y las dos excéntricas. La distancia que habrá que mantener respecto al tronco será 1.75 m, y entre las dos pasadas la distancia entre los extremos de la barra en las dos pasadas será 3.5 m. Por lo tanto, el solape en el centro de la calle también es adecuado. Obsérvese la FIGURA 11 (Capítulo 2) abajo a la derecha, en la que se representa esta solución.

Los caudales totales se pueden calcular a partir de los caudales unitarios de cada boquilla y ajustar el volumen de caldo por hectárea. Dichos volúmenes de caldo por hectárea, serán muy similares a los indicados en la TABLA 11 o TABLA 12, para las mismas combinaciones de boquillas, presión y velocidad de aplicación. Pero lo más recomendable, en cualquier caso, es hacer la comprobación de volumen de caldo con el equipo de aplicación en condiciones de campo.

PROBLEMA TIPO 4

APLICACIONES EN FINCAS CON MARCOS DIFERENTES E IRREGULARES

Caso práctico: aplicar herbicidas de bajo volumen, no residuales, en plantaciones con marcos entre 8 y 12.5 m

El caso que vamos a describir supone la utilización de una barra sencilla que no tiene una extensión para incrementar el nº de boquillas. Además, se supone que los marcos de plantación varían, incluso que dentro de cada marco puede existir una cierta irregularidad, por lo que existe cierta dificultad para ajustar los volúmenes de caldo y las dosis. La solución que se aporta consiste en cambiar una sola boquilla excéntrica de la siguiente forma:

Por ejemplo, eligiendo una barra con boquillas simétricas de bajo caudal: APG 110 Amarilla y boquilla excéntrica en el extremo próximo al árbol, podríamos tener los caudales que se indican en la TABLA 13.

TABLA 13. Volúmenes de caldo por hectárea con diferentes combinaciones de boquillas simétricas y excéntricas

Boquillas	Presión bar	Distancia al árbol (o al centro de la calle) cm	Volumen de caldo litros/ha para diferentes velocidades Km/h			
			3	4	5	6
APG 110 Amarilla Teejet OC-03	3	125	240	180	140	120
APG 110 Amarilla Teejet OC-04	3	(140)-150-(180)	247	185	148	123
APG 110 Amarilla Teejet OC-06	3	(200)-225-(240)	240	180	140	120

Entre paréntesis, distancia que pueden admitirse sin alterar la distribución homogénea del caldo y que, si la barra es larga, tampoco afectaría de forma significativa al volumen total de caldo por hectárea.

Podemos observar, que los volúmenes de caldo por hectárea son similares para las tres combinaciones. Esto nos permite intercambiar boquillas, con la precaución de adaptar la distancia, sin alterar el volumen aplicado.

Los intercambios de boquillas en una jornada de trabajo se pueden realizar con adaptadores tipo revólver, los cuales tienen ya instaladas varias boquillas y se cambian realizando un giro en unos segundos.

Así, para adaptarnos a diferentes marcos de plantación, podremos construir una barra con boquillas simétricas y disponer en los extremos boquillas excéntricas. Haremos la aplicación en dos pasadas (ver el esquema de la FIGURA 11 abajo derecha). Al cambiar de marco de plantación solo cambiaremos las boquillas de extremo y adaptaremos la distancia al olivo y al centro de la calle. La presión de trabajo es 3 bar en todos los casos, para este ejemplo.

En el cuadro que sigue se refleja la solución precisa para cada anchura de calle. Los volúmenes de caldo aplicados en todos los casos serían aproximadamente los ya expuestos en la TABLA 13.

Así una barra de 2,5 m con 6 boquillas APG 110 Amarilla y trabajando a una distancia de 1,5 m del árbol nos permite hacer las siguientes combinaciones:

ANCHURA DE CALLE	Barra de 2,5 m con boquillas simétricas	BOQUILLAS EXCÉNTRICAS
De 8 a 9,5 m	6 boquillas APG 110 Amarilla	1 sola boquilla Teejet OC-04 a 1,5 m del árbol
9 m	6 boquillas APG 110 Amarilla	1 sola boquilla Teejet OC-04 a 1,75 m del árbol
De 10 a 1,5 m	6 boquillas APG 110 Amarilla	Teejet OC-04 a 1,5 m del árbol Teejet OC-04 hacia el centro de la calle
De 11 a 11,5 m	6 boquillas APG 110 Amarilla	Teejet OC-04 a 1,5 m del árbol Teejet OC-04 hacia el centro de la calle
De 12 a 12,5 m	6 boquillas APG 110 Amarilla	Teejet OC-04 a 1,5 m del árbol Teejet OC-06 hacia el centro de la calle